普通高等教育"计算机系列"精品教材

U0274082

计算机组装与维护

张子彪　曹誉竞　周雪梅　主编

中国原子能出版社
China Atomic Energy Press

图书在版编目（CIP）数据

　　计算机组装与维护／张子彪，曹誉竞，周雪梅主编
. --北京：中国原子能出版社，2020.8（2021.9重印）
　　ISBN 978-7-5221-0710-3

　　Ⅰ.①计… Ⅱ.①张… ②曹… ③周… Ⅲ.①电子计
算机-组装②计算机维护 Ⅳ.①TP30

　　中国版本图书馆 CIP 数据核字（2020）第 133993 号

计算机组装与维护

出版发行	中国原子能出版社(北京市海淀区阜成路 43 号　　100048)	
责任编辑	王青　　刘佳	
责任印制	潘玉玲	
印　　刷	三河市南阳印刷有限公司	
发　　行	全国新华书店	
开　　本	787 mm×1092 mm　　1/16	
印　　张	13	
字　　数	300 千字	
版　　次	2020 年 8 月第 1 版　　2021 年 9 月第 2 次印刷	
书　　号	ISBN 978-7-5221-0710-3	
定　　价	68.00 元	

网址：http://www.aep.com.cn　　　　E-mail：atomep123@126.com

前　言

随着经济的不断发展和科学技术的进步，计算机在现代生活中发挥着巨大的作用，已经成为人们工作、学习和生活中不可缺少的好帮手。由于计算机软、硬件技术的发展，越来越多的用户需要掌握较为全面的计算机组装和维护技能。高职高专的计算机专业教育也必须与时俱进，才能适应社会对计算机技术人才的要求。

本书凝聚了作者多年的工作和一线教学实践经验，运用理论联系实际，体现"做中学，学中做"的教学理念，注重动手能力的培养，课程结束即可参加全国计算机信息高新技术考试。重在向学生传授计算机组装和维护的基础知识和技能，全面讲解了计算机组装和维护的原理和技术。

全书共六章，第一章为计算机基础知识，第二章为计算机操作系统安装与配置，第三章为安装驱动程序与应用软件，第四章为常用硬件检修维护，第五章为计算机安全与选购，第六章为综合训练。本书内容翔实、图文并茂，强调实用性，深入浅出、通俗易懂。通过系统的讲解和生动的实践，读者可以轻松地掌握计算机组装和维护的相关知识点。

由于编者水平有限，书中难免存在疏漏和不足之处，恳请广大读者批评指正。

编　者

目　　录

计算机基础知识

第一节　计算机的发展历程

计算机是 20 世纪最重要的科学技术发明之一，对人类的生产和社会活动产生了前所未有的影响。它的应用领域从最初的军事科研应用扩展到社会的各个领域，已形成了规模巨大的计算机产业，带动了全球范围的技术进步，由此引发了深刻的社会变革，计算机已成为信息社会中必不可少的工具。

1946 年 2 月，世界上第一台通用电子计算机 ENIAC（Electronic Numerical Integrator And Calculator，电子数值积分计算机）诞生在美国宾夕法尼亚大学。ENIAC 是为了计算炮弹弹道轨迹而设计的，主要元件是电子管，每秒可进行 5000 次加减运算。ENIAC 使用了 18800 个电子管，占地 170 平方米，重达 30 吨，每小时耗电 150 千瓦时，真是个"庞然大物"，如图 1-1 所示。ENIAC 的问世，表明了电子计算机时代的到来，具有划时代意义。

ENIAC 本身存在两大缺陷：一是没有存储器；二是用布线接板进行控制。因此，计算速度受到了限制。ENIAC 的发明仅仅表明计算机的问世，对以后研制的计算机没有什么影响。EDVAC（Electronic Discrete Variable Automatic Calculator）的发明才为现代计算机在体系结构和工作原理上奠定了基础，它的研制者是现代电子计算机的奠基人冯·诺依曼（如图 1-2 所示）。他确立了现代计算机的基本结构，提出了"存储程序"的工作原理，并以二进制数表示数据。至今，尽管计算机科学、硬件及软件技术得到飞速发展，但就计算机本身的体系结构而言，没有明显突破，今天的计算机仍采用这种体系结构。

图 1-1　第一台电子计算机 ENIAC

图 1-2　冯·诺依曼

一、计算机的发展

从 ENIAC 在美国诞生以来，现代计算机技术在半个多世纪的时间里获得了惊人的发展。从第一台计算机出现至今，计算机的发展经历了四代。

1. 第一代：电子管计算机（1946—1957 年）

电子管计算机的基本特征是采用电子管作为计算机的逻辑元件；数据表示主要是定点数；用机器语言或汇编语言编写程序。由于当时电子技术的限制，每秒运算速度仅为几千次，内存容量仅几千字节。第一代电子计算机体积庞大、造价高，主要用于军事和科学研究。

2. 第二代：晶体管计算机（1958—1964 年）

晶体管计算机的基本特征是晶体管电路电子计算机，内存所使用的器件大多是铁淦氧磁性材料制成的磁芯存储器。运算速度达每秒几十万次，内存容量扩大到几十千字节。晶体管计算机体积小、成本低，可靠性大大提高。除了进行科学计算，还用于数据处理和事务处理。

3. 第三代：中小规模集成电路计算机（1965—1970 年）

中小规模集成电路计算机的基本特征是逻辑元件采用小规模集成电路（Small-Scale Integration，SSI）和中规模集成电路（Middle-Scale Integration，MSI）。运算速度每秒可达几十万次到几百万次。存储器得到进一步发展，体积越来越小，价格越来越低，而软件也逐步完善。计算机开始广泛应用于各个领域。

4. 第四代：大规模集成电路计算机（1971 年至今）

大规模集成电路计算机的基本特征是逻辑元件采用大规模集成电路（Large-Scale Integration，LSI）和超大规模集成电路（Very Large-Scale Integration，VLSI）技术。随着集成度的不断提高，人们将计算机的核心部件控制器和运算器集成在一个芯片中，这就是微处理器，以此为核心组成的微型计算机被广泛使用。

这四代计算机的发展都是以电子技术的发展为基础的，集成电路芯片是计算机的核心部件。随着高新技术的研究和发展，计算机技术也将拓展到其他新兴的技术领域，计算机新技术的开发和利用必将成为未来计算机发展的新趋势。

二、计算机的应用

1. 科学计算

科学计算也称为数值计算，指用于完成科学研究和工程技术中数学问题的计算。它是电子计算机的重要应用领域之一，世界上第一台电子计算机就是为科学计算而设计的。随着科学技术的发展，各种领域中的计算模型日趋复杂，人工计算也无法解决这些复杂的问题。例如，在天文学、量子化学、核物理学等领域中，都需要依靠计算机进行复杂的运算。科学计算的特点是计算工作量大、数值变化范围大。

2. 数据处理

数据处理也称为非数值计算，指对大量的数据进行加工处理，例如统计、分析、合并、分类等。与科学计算不同，数据处理涉及的数据量很大，但计算方法较简单。为了全面、深入、精确地认识和掌握这些信息所反映的事物本质，就必须借助计算机处理。数据处理是现代化管理的基础。它不仅应用于处理日常的事务，且能支持科学的管理与决策。

3. 过程控制

过程控制也称为实时控制，指用计算机实时采集现场数据，按最佳值迅速对控制对象进行自动控制或自动调节。现代工业，由于生产规模不断扩大，技术和工艺日趋复杂，从而对实现生产过程自动化控制系统的要求也日益增高。利用计算机进行过程控制，不仅可以大大提高控制的自动化水平，而且可以提高控制的及时性和准确性，从而改善劳动条件、提高质量、节约能源、降低成本。计算机过程控制已在化工、水电、纺织、机械、航天等部门得到了广泛的应用。

4. 计算机辅助系统

计算机辅助设计（Computer Aided Design，CAD）就是利用计算机帮助设计人员进行设计。由于计算机有快速的数值计算、较强的数据处理及模拟能力，使 CAD 技术得到广泛应用，如飞机或船舶设计、机械设计、建筑设计、大规模集成电路设计等。采用计算机辅助设计，不但降低了设计人员的工作量，提高了设计的速度，更重要的是提高了设计的质量。

计算机辅助制造（Computer Aided Manufacturing，CAM）就是用计算机进行生产设备的管理、控制和操作过程。例如，在产品的制造过程中，用计算机控制机器的运行、处理生产过程中所需的数据、控制和处理材料的流动以及对产品进行检验等。使用 CAM 技术可以提高产品的质量、降低成本、缩短生产周期、降低劳动强度。

除了 CAD、CAM 之外，计算机辅助系统还有计算机辅助教学（Computer Aided Instruction，CAI）、计算机辅助测试（Computer Aided Test，CAT）等。CAI 是指将教学内容、教学方法及学生的学习情况等存储在计算机中，帮助学生轻松地学习所需要的知识。CAT 是利用计算机进行测试。例如，在生产大规模集成电路的过程中，由于逻辑电路复杂、人工测试比较困难、效率低、容易损坏产品。利用计算机测试，可以自动测试集成电路的各种参数和逻辑关系等，还可以实现产品的分类和筛选。

5. 多媒体技术

多媒体技术（Multimedia Technology）是以计算机技术为核心，将现代声像技术和通信技术融为一体，能对文本、图形、图像、声音、视频等多种媒体信息进行存储、传送和处理的综合性技术。它的应用领域非常广泛，如可视电话、视频会议等。

6. 网络应用

计算机技术和现代通信技术的结合构成了计算机网络，计算机网络的建立，不仅解决了一个单位、一个地区、一个国家中计算机与计算机之间的通信，各种软、硬资源的共享，也大大促进了国家间的文字、图像、视频和声音等各类数据的传输与处理。

7. 人工智能

人工智能（Artificial Intelligence，AI）一般是指模拟人脑进行演绎推理和采取决策的思维过程。在计算机中存储一些定理和推理规则，然后设计程序，让计算机自动找到解题的方法。目前，一些智能系统已经能够取代人的部分脑力劳动，获得了实际的应用，例如机器人、专家系统、模式识别等方面。人工智能是计算机应用研究的前沿科学。

8. 虚拟现实

虚拟现实（Virtual Reality，VR）是利用计算机生成的一种模拟环境，通过多种传感设备使用户"投入"到该环境中，实现用户与环境进行交互的目的。这种模拟环境是用计算机构成的具有表面色彩的立体图形，它可以是某一特定现实世界的真实写照，也可以是纯粹构想出来的世界。目前，虚拟现实获得了迅速发展和广泛的应用，出现了虚拟工厂、数字汽车、虚拟主持人、虚拟演播室等虚拟事物。

三、计算机的特点

1. 运算速度快

计算机的运算速度已从每秒几千次发展到现在每秒高达几千万亿次。如此高的计算速度，不仅极大地提高了工作效率，而且使许多极复杂的科学问题得以解决。

2. 计算精度高

尖端科学技术的发展往往需要高度准确的计算能力，只要电子计算机内用以表示数值的位数足够多，就能提高运算精度。例如，π 值的计算，我国的数学家祖冲之计算出 π 在 3.1415926 和 3.1415927 之间。19 世纪末威廉·詹克斯算到 707 位，但是 528 位以后是错误的。1947 年利用计算机算出了 819 位，到了 1991 年达到 21.6 亿位。

3. 具有存储与记忆能力

计算机具有存储"信息"的存储装备，可以存储大量的数据，当需要时又可准确无误地取出来。计算机这种存储信息的"记忆"能力，使它能成为信息处理的有力工具。

4. 具有逻辑判断能力

计算机既可以进行数值运算，也可以进行逻辑运算，可以对文字或符号进行判断和比较，进行逻辑推理和证明，这是其他任何计算工具无法比拟的。

5. 自动化程度高

在利用计算机解决问题时，输入编制好的程序以后，计算机能在程序控制下自动执行直至完成任务。一般不需要人直接干预运算、处理和控制过程。

第二节　计算机信息的表示方法

计算机可以处理各种类型的数据，包括数字、字符和汉字等，它们在计算机内部都采用二进制数的形式来表示。

一、数制与数制间的转换

在日常生活中，会遇到不同进制的数，如十进制数和七进制等。计算机中存放的是二进制数，为了书写和表示方便，还引入了八进制数和十六进制数。无论哪种数制，其共同之处都是进位计数制。

1. 进位计数制

在采用进位计数制的数字系统中，如果只用 r 个基本符号表示数值，则称其为基 r 数制，r 称为该数制的基数，而数值中每一固定位置对应的单位值称为权。表 1-1 是常用的几种进位计数制。

表 1-1　常用的几种进位计数制的表示

进位制	二进制	八进制	十进制	十六进制
规则	逢二进一	逢八进一	逢十进一	逢十六进一
基数	$r = 2$	$r = 8$	$r = 10$	$r = 16$
基本符号	0, 1	0, 1, 2, …, 7	0, 1, 2, …, 9	0, 1, …, 9, A, B, …, F
权	2^i	8^i	10^i	16^i
表示形式	B	O	D	H

由表 1-1 可知，不同进制的数制有共同的特点：第一，采用进位计数制方法，每一种数值都有固定的基本符号，称为"数码"；第二，都使用位置表示法，即处于不同位置的数码所代表的值不同，与它所在的位置的"权"值有关。

例如，在十进制数值中，847.26 可表示为：

$$847.26 = 8 \times 10^2 + 4 \times 10^1 + 7 \times 10^0 + 2 \times 10^{-1} + 6 \times 10^{-2}$$

可以看出，各种进位计数制中的权的值恰好是基数 r 的某次幂。因此，对任何一种进位计数制表示的数都可以写出按权展开的多项式之和，任意一个 r 进制数 N 可表示为：

$$N = a_{n-1} \times r^{n-1} + a_{n-2} \times r^{n-2} + \cdots + a_1 \times r^1 + a_0 \times r^0 + a_{-1} \times r^{-2} + \cdots + a_{-m} \times r^{-m}$$

$$= \sum_{i=-m}^{n-1} a_i \times r^i$$

其中，a_i 是数码，r 是基数，r^i 是权；不同的基数表示不同的进制数。

2. 不同进位计数制的转换

（1）r 进制数转换成十进制数。

展开式如下：

$$N = \sum_{i=-m}^{n-1} a_i \times r^i$$

计算机本身就提供了将 r 进制数转换成十进制数的方法。只要将各位数码乘以各自的权值累加即可。例如，将二进制数 1001101.001 转换成十进制数：

$$(1001101.001)_B = 1 \times 2^6 + 1 \times 2^3 + 1 \times 2^2 + 1 \times 2^0 + 1 \times 2^{-3} = (77.125)_D$$

（2）十进制数转换成 r 进制数。

将十进制数转换成 r 进制数时，可将此数分成整数与小数两部分分别转换，然后拼接起来即可。

整数部分转换成 r 进制数采用除 r 取余法，即将十进制整数不断除以 r 取余数，直到商为 0，余数从右到左排列，首次取得余数排在最右。

小数部分转换成 r 进制数采用乘 r 取整法，即将十进制小数不断乘以 r 取整数，直到小数部分为 0 或达到要求的精度为止（小数部分可能永远得不到 0）；所得的整数从小数点自左往右排列，取有效精度，首次取得整数排在最左。

例如，将（120.675）D 转换成二进制数（转换后的二进制数小数点后保留 5 位）：

转换结果为：

$$(120.675)_D = (a_6 a_5 a_4 a_3 a_2 a_1 a_0 . a_{-1} a_{-2} a_{-3} a_{-4} a_{-5})_B = (1111000.10101)_B$$

（3）二进制数、八进制数、十六进制数间的转换。

由上例看到，十进制数转换成二进制数过程书写较长；同样，二进制表示的数比等值的十进制数占更多的位数，书写较长，容易出错。为了方便起见，人们借助八进制数和十六进制数来进行转换和表示。转换时将十进制数转换成八进制数或十六进制数，再转换成二进制数。二进制、八进制和十六进制之间存在的关系如下：1位八进制数相当于3位二进制数，1位十六进制数相当于4位二进制数，如表1-2所示。

表1-2 八进制数与二进制数、十六进制数与二进制数之间的关系

八进制数	对应二进制数	十六进制数	对应二进制数	十六进制数	对应二进制数
0	000	0	0000	8	1000
1	001	1	0001	9	1001
2	010	2	0010	A	1010
3	011	3	0011	B	1011
4	100	4	0100	C	1100
5	101	5	0101	D	1101
6	110	6	0110	E	1110
7	111	7	0111	F	1111

根据对应关系，二进制数转换成八进制数时，以小数点为中心向左右两边分组，每3位为一组，两头不足3位补0即可。同样，二进制数转换成十六进制数只要4位为一组进行分组即可。

例如，将二进制数（1011010010.111110）$_B$转换成十六进制数：

（$\underline{0010}\underline{1101}\underline{0010}.\underline{1111}\underline{1000}$）$_B$=（2D2.F8）$_H$（整数高位和小数低位补0）

$\quad$ 2 $\quad$ D $\quad$ 2 $\quad$ F $\quad$ 8

将二进制数（1011010010.111110）$_B$转换成八进制数：

$\quad$（$\underline{001}\underline{011}\underline{010}\underline{010}.\underline{111}\underline{110}$）$_B$=（1322.76）$_O$

同样，将八进制数或十六进制数转换成二进制数只要将1位转化为3位或4位即可。例如：

$\quad$（3B6F.E6）$_H$=（$\underline{0011}\underline{1011}\underline{0110}\underline{1111}.\underline{1110}\underline{0110}$）$_B$

$\qquad\qquad\qquad$ 3 $\quad$ B $\quad$ 6 $\quad$ F $\quad$ E $\quad$ 6

$\quad$（6732.26）$_O$=（$\underline{110}\underline{111}\underline{011}\underline{010}.\underline{010}\underline{110}$）$_B$

$\qquad\qquad\qquad$ 6 $\quad$ 7 $\quad$ 3 $\quad$ 2 $\quad$ 2 $\quad$ 6

二、数据单位

计算机中数据的常用单位有位和字节。

1. 位（bit，缩写为 b）

位又称为比特，是计算机表示信息的数据编码中的最小单位。1 位二进制的数码用 0 或 1 来表示。

2. 字节（byte，缩写为 B）

字节是计算机存储信息的最基本单位。1 个字节用 8 位二进制数表示。通常计算机以字节为单位来计算存储容量。例如，计算机内存容量、硬盘的存储容量等都是以字节为单位来表示的。

存储空间容量的单位除了用字节表示以外，还可以用 KB、MB、GB、TB、PB、EB、ZB、YB、BB、NB、DB 等表示。它们按照进率 1024（2 的十次方）来计算，例如，

$1 \text{ KB}=2^{10} \text{ B}=1024 \text{ B}$ $1 \text{ MB}=2^{10} \text{ KB}=1024 \text{ KB}$

$1 \text{ GB}=2^{10} \text{ MB}=1024 \text{ MB}=2^{20} \text{ B}$ $1 \text{ TB}=2^{10} \text{ GB}=1024 \text{ GB}=2^{30} \text{ B}$

三、数据编码

数据泛指一切可以被计算机接受并处理的符号，包括数值、文字、图形、声音、视频等。在计算机中，数据信息只有转化为数字编码的形式，计算机才能进行处理。编码就是将一类数据按照某一编码表转换成对应代码的过程，编码技术应用于许多方面。计算机中只识别 0 或 1 码。因此，在计算机中对数字、字符及汉字就要用二进制的各种组合形式来表示，这就是二进制的编码系统。

1. ASCII 码

对西文字符编码最常用的是 ASCII（American Standard Code for Information Interchange，美国信息交换标准代码），ASCII 被国际标准化组织指定为国际标准。ASCII 用 7 位二进制编码，它可以表示 2^7 即 128 个字符，如表 1-3 所示。每个字符用 7 位基 2 码表示，其排列次序为 $d_6 d_5 d_4 d_3 d_2 d_1 d_0$，$d_6$ 为最高位，d_0 为最低位。

表 1-3　7 位 ASCII 代码表

$d_3 d_2 d_1 d_0$ ＼ $d_6 d_5 d_4$	000	001	010	011	100	101	110	111
0000	NUL	DLE	SP	0	@	P	`	p
0001	SOH	DC1	!	1	A	Q	a	q
0010	STX	DC2	"	2	B	R	b	r

续表

$d_3d_2d_1d_0$ ＼ $d_6d_5d_4$	000	001	010	011	100	101	110	111
0011	ETX	DC3	#	3	C	S	c	s
0100	EOT	DC4	$	4	D	T	d	t
0101	END	NAK	%	5	E	U	e	u
0110	ACK	SYN	&	6	F	V	f	v
0111	BEL	ETB	,	7	G	W	g	W
1000	BS	CAN	(	8	H	X	H	X
1001	HT	EM	)	9	I	Y	I	Y
1010	LF	SUB	*	:	J	Z	J	Z
1011	VT	ESC	+	;	K	[	K	{
1100	FF	FS	'	<	L	\	L		
1101	CR	GS	−	=	M	]	M	}
1110	SO	RS	>	N	↑	N	~
1111	SI	US	/	?	O	↓	O	DEL

其中常用的控制字符的作用如下：

BS（Back Space）：退格。　　　　　　HT（Horizontal Table）：水平制表。

LF（Line Feed）：换行。　　　　　　　VT（Vertical Table）：垂直制表。

FF（Form Feed）：换页。　　　　　　　CR（Carriage Return）：回车。

CAN（Cancel）：取消。　　　　　　　　ESC（Escape）：换码。

SP（Space）：空格。　　　　　　　　　DEL（Delete）：删除。

2. 汉字的编码

ASCII 码只对英文字母、数字和标点符号进行了编码。为了在计算机内表示汉字，同样也需要对汉字进行编码。

用计算机处理汉字时，必须先将汉字代码化。汉字是象形文字，种类繁多，编码比较困难，而且在一个汉字处理系统中，输入、内部处理、输出对汉字编码的要求不尽相同，因此要进行一系列的汉字编码及转换。汉字信息处理中各编码及流程，如图 1-3 所示，其中虚框中的编码是对国标码而言。

图 1-3　汉字信息处理系统的模型

（1）汉字输入码。

在计算机系统中使用汉字，首先遇到的问题是如何把汉字输入到计算机内。为了能直接使用西文标准键盘进行输入，必须为汉字设计相应的编码方法。汉字编码方法主要分为三类：数字编码、拼音码和字形编码。

数字编码就是用数字串代表一个汉字的输入，常用的是国标区位码。国标区位码根据国家标准局公布的 6763 个两级汉字（一级汉字有 3755 个，按汉语拼音排列；二级汉字有 3008 个，按偏旁部首排列）分成 94 个区，每个区分 94 位，实际上是把汉字表示成二维数组，区码和位码各两位十进制数字，因此，输入一个汉字需要按键 4 次。

拼音码是以汉语读音为基础的输入方法。由于汉字的同音字太多，输入重码率很高，因此，按拼音输入后还必须进行同音字选择，影响了输入速度。

字形编码是以汉字的形状确定的编码。汉字的总数虽多，但都是由一笔一画组成，全部汉字的部首和笔画是有限的。因此，把汉字的部首和笔画用字母或数字进行编码，按笔画书写的顺序依次输入，就能表示一个汉字。五笔字型、表形码等便是这种编码法。

（2）内部码。

内部码是字符在设备或信息处理系统内部最基本的表达形式，是在设备和信息处理系统内部存储、处理、传输字符用的代码。一个国标码占两个字节，每个字节最高位仍为 0；英文字符的机内码是 7 位 ASCII 码，最高位也为 0，为了在计算机内部能够区分是汉字编码还是 ASCII 码，将国标码的每个字节的最高位由 0 变为 1，变换后的国标码成为汉字机内码，由此可知汉字机内码的每个字节都大于 128，而每个西文字符的 ASCII 码值均小于 128。以汉字"大"为例，国标码为 3473H，机内码为 B4F3H。

（3）字形码。

汉字字形码是表示汉字字形的字模数据，通常用点阵、矢量函数等方式表示。用点阵表示字形时，汉字字形码指的就是这个汉字字形点阵的代码。根据输出的汉字的要求不同，点阵的多少也不同。简易型汉字为 16×16 点阵，提高型汉字为 24×24 点阵、32×32 点阵、48×48 点阵等。

点阵规模越大，字形越清晰美观，所占用的存储空间也越大。以 16×16 点阵为例，每个汉字要占用 32 B 存储空间，两级汉字大约占用 256 KB。因此，字模点阵用来构成"字库"，字库中存储了每个汉字的点阵代码，当显示输出时检索字库，输出字模点阵得到字形。

第三节　计算机系统的组成

计算机是一个复杂的系统，并已经发展成为由巨型计算机、大型计算机、小型计算机、微型计算机组成的一个庞大的计算机家族。其每个成员，尽管在规模、性能、结构、应用等方面存在着很大的差异，但它们的组成与基本工作原理是相同的。

一、计算机系统的组成

一个完整的计算机系统是由硬件系统和软件系统两部分组成的，如图 1-4 所示。

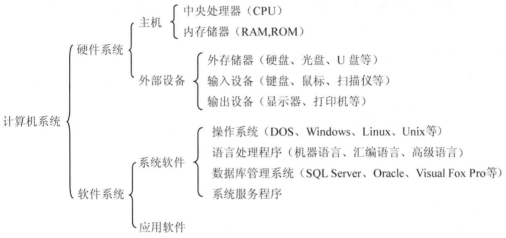

图 1-4 计算机系统的组成

软件是指为方便使用计算机和提高使用效率而组织的程序以及用于开发、使用和维护的有关文档。软件系统是为运行、管理和维护计算机而编制的各种程序、数据和文档的总称。软件系统可分为系统软件和应用软件两大类。

1. 系统软件

系统软件是指控制和协调计算机及其外部设备、支持应用软件的开发和运行的软件。其主要功能是进行调度、监控和维护系统等。系统软件是用户和裸机的接口，主要包括以下内容。

（1）操作系统。

操作系统（Operating System，OS）是管理和控制计算机硬件与软件资源的计算机程序，是直接运行在"裸机"上的最基本的系统软件，任何其他软件都必须在操作系统的支持下才能运行。它由一些程序模块组成，管理和控制计算机系统中的硬件及软件资源，合理地组织计算机工作流程，以便有效地利用这些资源为用户提供一个功能强大、使用方便的工作环境，从而在计算机与用户之间起到接口作用。常见的操作系统有 DOS、Windows、Linux、Unix 等。

（2）语言处理程序（程序设计语言）。

可分为机器语言、汇编语言和高级语言。

①机器语言（Machine Language）是指机器能直接认识的语言，它是由"0"和"1"组成的一组代码指令。对于不同的硬件，其机器语言一般是不相同的。每个计算机都有自己的指令集。机器语言的缺点是编写和阅读困难、难以记忆和修改、容易出错、可移植性差等。

②汇编语言（Assemble Language）是由一组与机器指令一一对应的符号指令和简单语法组成的。汇编语言采用助记符，比机器语言直观、容易记忆和理解、易读、易修改，但计算机不能直接识别，必须将汇编程序翻译成机器语言的目标程序，计算机才能执行。

③高级语言（High Level Language）比较接近自然语言，对机器依赖性低，具有很强的可移植性。高级语言编写的程序计算机不能直接执行，必须翻译成机器语言才能运行。高级语言比较多，例如，BASIC、PASCAL、FORTRAN、C 等。随着 Windows 操作系统的普遍应用，程序设计语言也发生了很大变化，除逐步采用可视化图形化的编程环境、大量采用各种程序设计工具外，重要的是引入了"面向对象程序设计"思想，从程序设计理念、编程思维方式直到程序设计的具体方法方面都发生了变化。面向对象是一种对现实世界理解和抽象的方法，是计算机编程技术发展到一定阶段后的产物。一切事物皆对象，通过面向对象的方式，将现实世界的事物抽象成对象，现实世界中的关系抽象成类、继承，帮助人们实现对现实世界的抽象与数字建模。通过面向对象的方法，更利于用人理解的方式对复杂系统进行分析、设计与编程。例如，Visual C、Visual Basic、Java 等都采用了面向对象的程序设计思想和方法。

（3）数据库管理系统。

数据库管理系统（Data Base Management System，DBMS）是以数据库的方式组织和管理数据，通过 DBMS 实现数据的整理、加工、存储、检索和更新等管理工作。较常用的适用于微机的数据库管理程序有 SQL Server、Oracle、Mysql 和 Visual FoxPro 等。

（4）系统服务程序。

系统服务程序是为了帮助用户使用和维护计算机，提供服务性手段而编写的一类程序。在计算机软硬件管理中执行某个专门功能，例如，装配链接程序、诊断程序、监控程序、系统维护程序等。

2. 应用软件

应用软件是用户为解决各种实际问题而编制的计算机应用程序及其有关资料。应用软件依据应用范围划分为通用工具软件和用户专用软件。通用工具软件是由软件公司、单位或个人开发的通用软件或工具软件，例如，文字处理软件、图形及图像处理软件等。用户专用软件是用户解决各种具体问题而开发编制的用户程序，例如，财务管理系统、仓库管理系统等。

随着计算机应用的普及，应用软件正向着标准化、商业化方向发展，并形成各种软件库。在计算机系统中，对于软件和硬件的功能没有一个明确的分界线。软件实现的功能可以用硬件来实现，称为硬化或固化。例如，微机的 ROM 芯片就是固化了系统的引导程序。同样，硬件实现的功能也可以用软件来实现，称为硬件软化。例如，在多媒体计算机中，视频卡用于对视频信息的处理，现在的计算机一般通过软件来实现。

二、微型计算机的组成

微型计算机又称个人计算机（Personal Computer）。1971 年 Intel 公司成功地在一个芯片上实现了中央处理器的功能，制成了世界上第一个微处理器和世界上第一台微型计算机。

主机是计算机的核心，计算机的一切操作都要经过它来完成，并协调主机与外部设备的通信。在主机内的部件有主板、电源、CPU、硬盘驱动器、软盘驱动器、光盘驱动器和实现各种多媒体的功能卡（包括显示卡、声卡、网卡等）。

计算机的外部设备种类繁多，包括各种输入 / 输出设备，常见的有显示器、键盘、鼠标、音箱等。其中键盘、鼠标属于输入设备，而显示器、音箱属于输出设备。主要的输入设备还有扫描仪、光笔、数码相机甚至影碟机，输出设备有打印机、绘图仪等。

1. 主板

主板是微型计算机中最大的一块集成电路板，是微型计算机中各种设备的连接载体。微型计算机中通过主板将 CPU 等各种器件和外部设备有机地结合起来，形成一套完整的系统。常见的系统主板一般为矩形电路板，上面安装了组成计算机的主要电路系统，一般有 BIOS 芯片、I/O 控制芯片、键盘和面板控制开关接口、指示灯插接件、扩充插槽、主板及插卡的直流电源供电接插件等元件，如图 1-5 所示。

图 1-5　系统主板图

电脑的主板对电脑的性能来说，影响是很大的。曾经有人将主板比喻成建筑物的地基，其质量决定了建筑物坚固耐用与否。

2. 中央处理器

中央处理器（Central Processing Unit，CPU）是计算机的核心部件之一。CPU 主要由运算器、控制器等组成。CPU 的运算速度对计算机的整体运行速度起着决定性的作用。运算器是对信息或数据进行加工和处理的部件，可以完成算术运算和逻辑运算。控制器是计算机的神经中枢和指挥中心，计算机硬件系统由控制器控制其全部动作。如图 1-6 所示，为 Intel 公司生产的 CPU。

从 1971 年 Intel 公司推出了世界上第一台 4 位微处理器以来，CPU 经历了 8086、286、386、486 直到现在的 Pentium 时代。最新的酷睿 i7 处理器已经达到了六核 3.6GHz 的高速度，多核处理器是指在一个处理器上集成多个运算核心，从而提高计算能力。市场上常见的 CPU 品牌有 Intel、AMD 等。

图 1-6　CP

计算机的性能在很大程度上由 CPU 的性能所决定，而 CPU 的性能主要体现在其运行程序的速度上。影响运行速度的性能指标包括 CPU 的主频、字长和缓存容量等参数。

（1）主频。

主频也叫时钟频率，单位是兆赫（MHz）或千兆赫（GHz），用来表示 CPU 的运算、处理数据的速度。通常，主频越高，CPU 处理数据的速度就越快。

（2）字长。

字长是 CPU 的主要技术指标之一，指的是 CPU 一次能并行处理的二进制位数，字长总是 8 的整数倍，通常 PC 机的字长为 16 位（早期），32 位，64 位。PC 机可以通过编程的方法来处理任意大小的数字，但数字越大，PC 机就要花越长的时间来计算。PC 机在一次操作中能处理的最大数字是由 PC 机的字长确定的。

（3）缓存。

CPU 缓存（Cache Memory）是位于 CPU 与内存之间的临时存储器，它的容量比内存小得多，但是交换速度却比内存要快得多。缓存的出现主要是为了解决 CPU 运算速度与内存读写速度不匹配的矛盾，因为 CPU 运算速度要比内存读写速度快很多，这样会使 CPU 花费很长时间等待数据到来或把数据写入内存。

3. 存储器

存储器是计算机记忆或暂存数据的部件。计算机中的全部信息，包括原始的输入数据、经过加工的中间数据以及最后处理完成的有用信息都存放在存储器中。存储器分为内存储器和外存储器两种。

（1）内存储器（内存）。

内存就是暂时存储程序及数据的地方，比如当我们在使用 Word 处理文稿时，当你在键盘上敲入字符时，它就被存入内存中，当你选择存盘时，内存中的数据才会被存入硬盘。内存是微型计算机的重要部件之一。内存一般采用半导体存储单元，包括随机存储器（Random Access Memory，RAM）、只读存储器（Read Only Memory，ROM）以及高速缓冲存储器（CACHE）。

①只读存储器。在制造 ROM 的时候，信息就被存入并永久保存。这些信息只能读出，一般不能写入，即使机器停电，这些数据也不会丢失。ROM 一般用于存放计算机的基本程序和数据，如 BIOSROM。

②随机存储器。随机存储器既可以从中读取数据，也可以写入数据。当机器电源关闭时，存入其中的数据就会丢失。我们通常购买或升级的内存条就是用作电脑的内存，内存条（SIMM）就是将 RAM 集成块集中在一起的一小块电路板，它插在计算机中的内存插槽上，以减少 RAM 集成块占用的空间，内存条如图 1-7 所示。

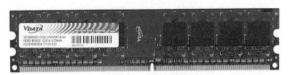

图 1-7　内存条

微型计算机使用的动态内存随机存储器以内存条的形式出现，内存容量的大小同样是影响计算机运行速度的重要因素之一，增加或者更换内存条操作简单、见效明显，是计算机升级的不错选择。目前 2~8 GB 的内存条已成为用户使用的主流。

③高速缓冲存储器。高速缓冲存储器是经常遇到的概念，也就是平常看到的一级缓存（L1 Cache）、二级缓存（L2 Cache）、三级缓存（L3 Cache）这些词语，它位于 CPU 与内存之间，是一个读写速度比内存更快的存储器。当 CPU 向内存中写入或读出数据时，这个数据也被存储进高速缓冲存储器中。当 CPU 再次需要这些数据时，CPU 就从高速缓冲存储器读取数据，而不是访问较慢的内存，当然，如需要的数据在 Cache 中没有，CPU 会再去读取内存中的数据。

（2）外存储器。

①软盘和软盘驱动器。软盘驱动器曾经是计算机一个不可缺少的部件，使用者常常用软盘传递和备份一些比较小的文件。在必要的时候，软盘还可以用来启动计算机。

软盘按照大小一般分为 5 英寸盘和 3 英寸盘。目前，5.25 英寸盘的软盘驱动器已经被淘汰。3.5 英寸盘的容量一般为 1.44MB，少数也有 2.88MB 的。还有一种外观较大、容量高达 120MB 的软盘，由于制造成本较高，未被广泛使用。图 1-8 为大容量软盘的驱动器外观。以上各种软盘都必须插入为它们专门设计的软盘驱动器，也就是软驱中，

图 1-8　大容量软驱

才能进行读 / 写操作。目前，软盘和软盘驱动器已被移动存储器（U 盘、移动硬盘）所取代。

②硬盘驱动器。硬盘与软盘相比具有容量大、速度快的优点。硬盘是用来存储一些需要长期保存的数据的载体。目前的硬盘可以分为两种：机械式硬盘和固态硬盘。机械式硬盘构造原理是硬盘里面有一张或几张可读写数据的储存盘体，盘体上有只读写枪，有点像老式光

碟机，硬盘里面还有一个马达带动储存盘转动，从而能读取到不同部分的数据。它的优点是生产成本低，容量大，但稳定性及读写数据的速度不如固态硬盘。

固态硬盘有点像平时的 U 盘，只是电路板更复杂。没有像机械硬盘那样的马达及储存碟盘，而主要以半导体固体作为数据储存介质。优点是速度快、稳定、寿命长，但目前来说价格贵。

当前市场上常见的硬盘有希捷（Seagate）、西部数据（Western Digital）、东芝（Toshiba）等多种品牌。如图 1-9 所示，为内置机械式硬盘。

③光盘驱动器。 光盘驱动器简称光驱，是采取光学方式的记忆装置，具有容量大、可靠性高、存储成本低的优点。光盘驱动器通常包括 CD-ROM 驱动器、DVD 驱动器、CD-R/CD-RW 刻录机等种类。图 1-10 所示就是一款 DVD 可刻录光驱。

图 1-9　内置机械式硬盘

图 1-10　DVD 可刻录光驱

内存储器最突出的特点是存取速度快，但容量小、价格相对较贵；外存储器的特点是容量大、价格相对低，但存取速度慢。内存储器用于存放那些立即要用的程序和数据；外存储器用于存放暂时不用的程序和数据。内存储器和外存储器间常常频繁地交换信息。需要指出的是外存储器属于输入输出设备，它只能与内存储器交换信息，不能被计算机系统的其他部件直接访问。

4. 电源

电源是整个电脑能源供应中心，所以它在电脑中是一个很重要的部件，如图 1-11 所示。因为计算机中的其他配件都需要电源来供电，所以计算机的使用与电源的质量也是密不可分的。计算机的电源内部有一个变压器，把普通的 220V 电压转变为计算机各部件所需的电压，还有一些比较好的电源具有避雷和稳压作用。

5. 显卡

显卡又称为显示适配器，是连接显示器和 PC 主板的

图 1-11　电源

重要元件。它是插在主板上的扩展槽里的，如图 1-12 所示。它主要负责把主机向显示器发出的显示信号转化为一般电信号。显示卡上也有存储器，称为"显存"。显存的大小将直接影响显示器的显示效果，例如清晰度和色彩丰富度等。

6. 声卡

声卡是多媒体计算机的主要部件之一，如图 1-13 所示。它是记录和播放声音所需的硬件。声卡的作用主要是将数字信号转化为音频信号输出，达到播放声音的功能。

图 1-12　带视频输出的显示卡

图 1-13　声卡

7. 调制解调器和网卡

Modem（Modulator Demodulator），也就是平时人们常说的"猫"，用于计算机通过电话线进行数据传输时的数模信号的转换，这一过程包括"调制"和"解调"，所以 Modem 又叫作调制解调器。图 1-14 所示的是一款光纤"猫"。现在，使用光纤"猫"接入 Internet 在家庭中最为常见，比电线传输要优越很多。

网络接口卡（Network Interface Card，NIC）简称网卡，是计算机中必不可少的网络基本设备，它为计算机之间的数据通信提供物理连接。一台计算机要接入网络需要安装网卡，网卡一般安装在计算机主板的扩展插槽上。内置的网卡可以用于 PC、MAC 以及图形工作站等系统。目前，家用计算机的主板都集成了网卡，不需另外安装。外置的网卡通常用于笔记本电脑，或直接集成在主板上。图 1-15 所示是一块普通网卡，图 1-16 是一块用于笔记本电脑的无线网卡。

图 1-14　光纤"猫"

图 1-15　网卡

图 1-16　无线网卡

8. 显示器

显示器（Monitor）又称监视器，与显示卡一起构成了多媒体计算机的显示系统。显示器把电信号转换成可视信息并显示于屏幕上，是计算机的主要输出设备。显示器有阴极射线管（CRT）显示器和液晶（LCD）显示器等，如图 1-17 和图 1-18 所示。当前常用的绝大多数是液晶显示器。

显示器是计算机向外界展示魅力的窗口，现在的显示器正向着可视区域越来越大、显示效果越来越好的方向发展。

图 1-17　CRT 显示器

图 1-18　液晶显示器

9. 键盘

键盘（Keyboard）是用户向计算机输入指令和信息的必备工具之一，是计算机的主要输入设备。通过键盘，用户可以将命令、程序和数据等信息输入到计算机中，计算机再根据接收的信息作相应的处理。图 1-19 所示的是一款设计贴心的人体工学键盘。

图 1-19　设计贴心的人体工学键盘

键盘按工作原理与按键方式分为机械式、塑料薄膜式、导电橡胶式与电容式 4 种。微机的键盘有 83 键、101 键、102 键、104 键、106 键、108 键的，目前最为普遍的是 104 键。

键盘的分区配置一般为四个部分，分别是：

（1）功能键区。

功能键区（Function Keys）有"F1"~"F12"共 12 个键，分布在键盘左侧最上一排。在不同的软件系统环境下定义功能键的作用也不同，用户可根据软件的需要自己加以定义。

（2）主键盘区。

主键盘区又称英文主键盘区、字符键区,Typewriter。有一些特殊的符号键，包括:字母键、数字键、运算符号键、特殊符号键、特定功能符号键。

（3）数字键区。

数字键区（Numeric Keypad），又称副键盘区，在键盘右边，其中"Num Lock"键为数字锁定键，用于切换方向键与数字键。把数字小键盘区的光标移动键、插入和删除键集中于此，便于编辑操作。

（4）编辑键区。

数字小键盘区和主键盘区中间的 13 个键。

特定符号键及一些组合键的功能的说明，如表 1-4 所示。

表 1-4　特定符号键的功能说明

符号键	名　称	功　能
Enter	回车键	按此键执行一个命令或结束一行程序、一段文本输入
Caps Lock	大写锁定键	切换字母大小写；按此键指示灯亮，按字母键为大写，反之为小写
Shift	换挡键	对于双符键，按此键取上方的符号；对于英文字母键，起到转换字母大小写的作用
Tab	制表键	每按一次，将在输入的当前行上跳过 8 个字符的位置或一个制表位，或在不同的窗口、按钮间移动焦点
Backspace	退格键	每按一次，将删除当前光标位置前的一个字符
无字长键	空格键	每按一次光标右移一个符位，原光标所在处变为空格
Del	删除键	删除光标所在处的字符，光标不动
Ins	插入键	开关键。插入状态时，在光标处插入字符，光标右边字符右移；改写状态时，输入的字符将覆盖原有字符
Ctrl	控制键	与其他键配合使用，组合出大多数的复合键
Alt	交替换挡键	与其他键配合使用，组合出一些复合键
Print Screen	屏幕显示复制键	把屏幕上的当前显示内容复制到剪贴板；若同时按"Alt+PrintScreen"键，是复制当前活动窗口
⊞	Windows 徽标键	快速启动或关闭 Windows 的"开始"菜单
Ctrl+Alt+Del	热启动键	结束任务或关机；在加电情况下重新启动系统

10. 鼠标

鼠标（Mouse）是一个可以在屏幕上精确定位的输入设备，它可以在一个不大的平面上移动，然后将移动位置的变化转换成信号传送给 CPU，再由 CPU 转换并在显示器上显示出相应的变化。传统鼠标一般为机械式，现在比较流行的是更为精确的光电鼠标，如图1-20所示。

11. 打印机

打印机也是多媒体计算机的常用输出设备，用于打印各种文字或图形。目前常用的打印机分为喷墨式打印机和激光打印机。图1-21所示的是一台喷墨打印机。

图1-20　光电鼠标

图1-21　喷墨打印机

12. 移动存储设备

随着USB和1394火线接口技术的不断完善，出现了各式各样的移动存储设备。当前最流行、最常见的就是U盘和移动硬盘了，如图1-22和图1-23所示。

图1-22　U盘

图1-23　移动硬盘

第四节　计算机组装

一、计算机组装的基本概念

1. 配件的初识别与安装要领

主机是计算机的核心，主机内部有CPU、主板、内存、硬盘、显卡、电源、光驱、网卡等配件。计算机配件的识别是计算机组装的基础工作，目前市场上计算机的配件品牌繁多，主机内的配件及功能见表1-5，其详细内容将在后续内容中介绍。

表 1-5　主机内的配件及功能

配件名称	功　　能	操作提示
CPU	CPU 在计算机中的作用就等同于人体内的心脏，因此，CPU 直接影响整台计算机的运行情况，目前最常使用的是双核处理器芯片	图 1-24、图 1-25 所示分别为 Intel 和 AMD 的 CPU，关注安装方向、斜角
主板	主板是计算机的中枢，是计算机结构中最重要的部分，主要由 CPU 插座、芯片组、扩展槽、BIOS 芯片、内存插槽、电源插座、电池和各种主板功能芯片（集成显卡、声卡、网卡）等部件组成	图 1-26 所示为主板，注意 CPU 插槽、安装孔和芯片组
硬盘	电脑的标准配件之一，主要承载计算机操作系统及软件的运行、数据存储	图 1-27 所示为硬盘，有 IDE、串口硬盘、容量、转速
显卡	显示信息的处理、输出	图 1-28 所示为显卡，有集成、独立、显存、接口 AGP、PCIE
电源	电源提供软盘驱动器、硬盘、光盘驱动器、显示器和主板所需的电源，而主板又提供 CPU、内存、板卡和键盘所需的电源	图 1-29 所示为电源，有 AT、ATX，注意功率、重量
数据接口	实现主板与硬盘、光驱的数据传递	颜色、方向
电源接口	实现给主板与硬盘、光驱、风扇的供电	颜色、方向

图 1-24　Intel
①—三角形标识；②—防呆凹角

图 1-25　AMD
①—三角形标识

图 1-26　主板

①—CPU 安装位置；②—主板芯片组；③—内存插槽

（a）

（b）

图 1-27　硬盘

（a）机械硬盘；（b）固态硬盘

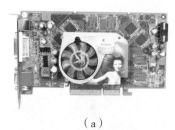

（a）

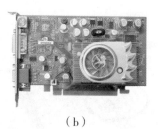

（b）

图 1-28　显卡

图 1-29　电源

2. 计算机组装与维护的工具

组装与维护计算机时需要使用以下几种工具。

（1）螺丝刀，又称起子，一般要求同时准备两把，一把是一字形的螺丝刀，另一把是十字型的螺丝刀或者选择多功能螺丝刀，如图1-30所示。一般情况下应选择使用带磁性的螺丝刀，以便于组装与维护操作。

图1-30　螺丝刀

【注意】

不要长时间将带有磁性的螺丝刀放在硬盘上，以免破坏硬盘上的数据。

（2）尖嘴钳。如图1-31所示，尖嘴钳主要用来拔一些小元件，如跳线帽、主板支架（金属螺柱、塑料定位卡）或机箱后部的挡板等。

（3）导热硅脂。导热硅脂俗称散热膏，用于功率放大器、CPU、电子管等电子元件的导热及散热，从而保证电气性能的稳定性。

（4）清洁工具。清洁工具主要用于清洁计算机部件。一般常用的工具有以下几种。

①小毛刷：专门为主板准备的，主板虽然安装在机箱内，但由于静电的原因常常会积累许多灰尘，主板可能由此出现故障，因此在清理灰尘时可以用小毛刷清理。

②棉签：主要用于清理边角的灰尘，如光驱的死角、主板的死角。

【注意】

必须断电后再进行相关的清洁。

（5）防静电手腕带。防静电手腕带如图1-32所示。防静电手腕带是防静电装备中最基本、最普通的计算机组装生产线上的必备品，设计操作上十分方便，同时价格也比较便宜。其原理是，通过手腕带及接地线将人体身上的静电排放至大地。使用手腕带必须确定与皮肤接触，接地线直接接地，以确保接地线畅通无阻，发挥最大功效。

图1-31　尖嘴钳

图1-32　防静电手腕带

（6）操作系统盘及相应的工具软件，支持光盘或 U 盘启动电脑，安装和维护操作系统。

（7）一些常见的应用软件，如 Office、WPS 等。

（8）常用的维护类工具软件，如解压缩软件、杀毒软件等。

3. 计算机组装前的注意事项

计算机系统是由各种高度集成的电子器件构成的，能够承受的电压、电流比较小，一般电压均在 ±5 V 或 ±12 V 之间。

（1）防止静电，不要带电操作。静电易对电子器件造成损伤，在安装前，应先消除身上的静电，方法包括用手摸一下自来水管等接地设备；如果有条件，可以佩带防静电手腕带，以提高安全水平。

（2）在组装计算机的过程中不要连接电源线。

（3）不要在通电后触摸机箱内的任何部件。

（4）对各个部件要轻拿轻放，不要碰撞，尤其是硬盘。

（5）在紧固部件、接插数据线和电源线时，要适度用力，不要动作过猛。

（6）保存好随机附送的软盘或光盘及相关资料。

（7）安装主板一定要稳固，同时要防止主板变形，否则会对主板的电子线路造成损伤。

（8）在安装主板时，应该拧上所有的螺钉，散热器和电源也应全部拧好，安装螺钉的正确方式是先固定好硬件，然后将所有螺钉安装到对应孔位，最后逐个拧紧螺钉，不要为了省事而只安装两颗螺钉，避免长时间使用之后晃动甚至掉落。

（9）安装散热器时还应该注意不要拧得太紧，因为主板的弹性有限，一旦将散热器安装得过紧就会压迫主板，导致其发生形变，产生不可逆的损坏。另外，散热器的重量通常较大，如果装机时主板没有拧上全部的螺钉则会受到更大的影响。

一般情况下，卡扣式连接的散热器将其扣上即可，用螺钉紧固的散热器在拧螺钉时有较大阻力即可，安装之后散热器不会晃动或旋转，主板未变形也是判断散热器安装合理的依据。

（10）在连接硬件和接线时要看清接口再接，不要强行接入，在背线时也不要用力拉扯线材，避免硬件和接口的损坏。

（11）定期清灰。风扇上的灰尘如图 1-33 所示，机箱内的定期清灰是非常必要的，除了散热器、显卡和电源风扇上的灰尘外，一些角落的灰尘也应该清理干净。

（12）注意散热器不要阻挡内存。考虑到大尺寸的散热器会影响周边硬件，散热器应该优先于内存条的安装，在安装散热器时也可以先把风扇的供电接好，安装后理顺线材。

（13）防止大散热器和机箱不兼容。先将散热器安装在主板上

图 1-33　风扇上的灰尘

再装机就可以省去在机箱内安装散热器背板的工作，但要注意这种安装顺序只适合在大机箱配大主板的情况下使用。

（14）小机箱内可以先连接 CPU 供电和跳线。在安装主板之前要先安装主板的挡板，还有一些小尺寸的机箱内部空间小，安装主板会挡住 CPU 供电的走线孔，因此需要先布局好线材再安装主板。

小尺寸的机箱和主板会使机箱跳线与一些前置面板的接线受到较大的影响，因此应该先连接线材再安装显卡，从而避免空间不足无法走线。

二、组装台式计算机的步骤

1. 组装前的准备工作

【Step1】配件检查。

①数量检查：CPU、主板（X299 GAMING M7 ACK）、内存、显卡、硬盘、光驱（可选件）、机箱电源、键盘、鼠标、显示器、各种数据线／电源线、风扇等。

②质量检查：检查各部件是否有明显的外观损坏。

③附件检查：机箱所附送的配件，如螺钉、机箱后挡板等数量是否足够。

【Step2】阅读主板说明书，了解主板安装的情况；阅读 CPU 安装说明。

【Step3】工具准备。

①基本工具：尖嘴钳、一字形的螺丝刀、十字形的螺丝刀（带磁性）、镊子。

②机箱中附带的各种螺钉、垫片等。

③容器：用于放置在安装和拆卸的过程中随时取用的螺钉及一些小零件，以防止丢失。

④工作台：为了方便进行安装，应使用一个高度适中的工作台，无论是专用的电脑桌还是普通的桌子，只要能够满足使用需求就可以。

⑤准备电源插座：多孔型插座一个，以方便测试机器时使用。

⑥创可贴：用于处理安装中的一些划伤。

⑦捆绑带：用于捆绑各电源接口线、数据线和机箱面板接口线，使机箱内部干净利落、整齐美观、散热效果好。

2. 拆卸与规划机箱

【Step1】观察机箱的外部结构，从如图 1-34 所示的机箱上寻找拆卸位置，实施拆卸。

【Step2】整体观察机箱内部与外部结构，并对计算机配件组装做出筹划，做到安装位置心中有数。

【Step3】明确电源、主板、硬盘、光驱、面板的安装位置与先后顺序。

【Step4】清点机箱附带的配件，对配件使用做到心中有数。

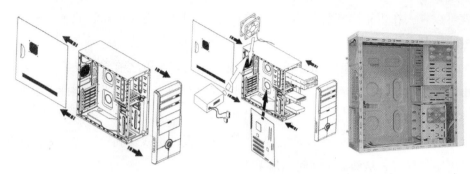

图 1-34　机箱规划

3. 安装电源

【Step1】明确机箱电源的形状、安装位置和方向，如图 1-35 所示。电源末端四个角上各有一个螺丝孔，它们通常呈梯形排列，安装时要注意方向性。

【Step2】先将电源放置在电源托架上，将四个螺丝孔对齐，然后拧紧螺钉。

【Step3】螺钉不要一次全拧紧，要逐步拧紧。

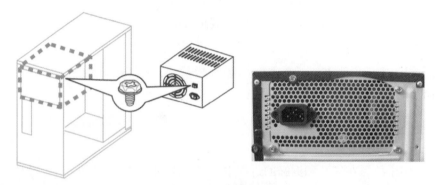

图 1-35　电源安装

4. 安装 CPU 与风扇

可以参考主板说明书的示意图进行安装（安装视频：http：//v.youku.com/v_show/id_XOTE5NzkwMDMy.html）。

【Step1】准备一块绝缘的泡沫，将主板放置在上面。

【Step2】开启 CPU 保护盖，如图 1-36 所示，①②按箭头方向拉起 CPU 拉杆；③左手轻按左侧拉杆，CPU 槽的保护盖弹起；④同时右手轻轻拉起保护盖。

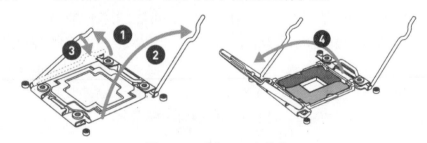

图 1-36　开启 CPU 保护盖

【Step3】放入 CPU，如图 1-37 所示，观察 CPU 的安装对应标识，保证平放进入 CPU 插槽⑤。

【Step4】固定 CPU，如图 1-38 所示，按照⑥⑦指示的方向分别按下 CPU 固定拉杆，CPU 保护盖会按照⑧所指示的方向自动弹出。

图 1-37　CPU 放入

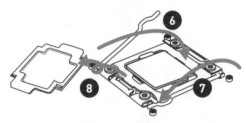

图 1-38　固定 CPU

【Step5】为 CPU 加散热硅胶，如图 1-39 所示，在⑩ CPU 上添加少许硅胶。在 CPU 的核心上涂上散热硅胶或散热硅脂，不需要太多，涂抹均匀。主要的作用是保证 CPU 与散热器接触良好。

【Step6】安装 CPU 风扇，如图 1-40 所示。将风扇与 CPU 接触在一起，不要用力压；将扣子扣在 CPU 插槽的突出位置上。不同的 CPU 与主板有不同的安装方法。

【注意】

风扇是用一个弹性铁架固定在插座上的。

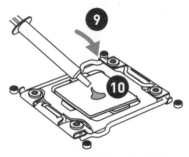

图 1-39　为 CPU 加散热硅胶

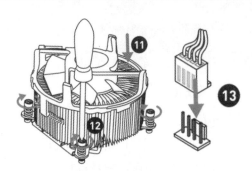

图 1-40　安装 CPU 风扇

【提示】

CPU 的拆卸方法与安装 CPU 的过程相反。先取下散热器与 CPU 插座一边的扣子，把散热风扇取下；把 CPU 插槽的拉杆撬起来就可以取出 CPU。

5. 安装内存条

（安装视频：http://v.youku.com/v_show/id_XNzUyMTI5ODI4.html）

【Step1】确定安装方向。观察内存条与主板上的内存插口的防呆设计，以及内存金手指和插槽缺口的间距与数量，确定内存的插入方向。

【Step2】将内存插槽两端的白色卡子向两侧扳开，插入内存条。内存条上的凹槽必须直线对准内存插槽上的凸点（隔断），如图 1-41 所示。

【Step3】向下按内存条，在按的时候需要稍稍用力，直至两端的固定杆自动卡住内存条两侧的缺口，如图 1-42 所示。

图 1-41　向两边扳开白色卡子　　　　　　　　图 1-42　向下按内存条

【Step4】紧压内存的两个固定杆，确保内存条被固定住，如图 1-43 所示。

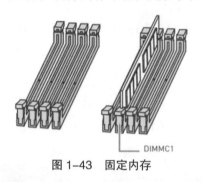

图 1-43　固定内存

【注意】

内存条的拆卸非常简单，只需要向外扳动两个白色的卡子，内存条就会自动从 DIMM 插槽中脱出。

6. 安装主板

【Step1】拆卸和安装 I/O 接口的密封片。如图 1-44 所示，将机箱上 I/O 接口的密封片取下。用户可根据主板接口情况，将机箱后相应位置的挡板去掉。这些挡板与机箱是直接连接在一起的，需要先用螺钉旋具将其顶开，然后用尖嘴钳将其扳下，最后将 I/O 接口板装上。

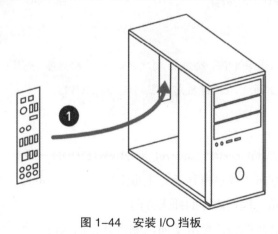

图 1-44　安装 I/O 挡板

【Step2】确定主板安装位置。如图 1-45 所示，打开机箱的侧板，把机箱平放在桌子上，观察机箱结构和主板放置位置，确定后安装主板固定螺丝杆。将主板和机箱上的螺丝孔对准，把机箱自带的螺钉拧上，但不要拧得太紧，能达到稳固即可。

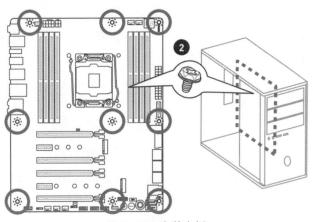

图 1-45　安装主板

【注意】

　　现在很多机箱 I/O 接口是免撬的，只需要将相应的螺钉去掉就可以实现挡板的安装与拆卸。

【Step3】安装主板定位螺钉。将机箱或主板附带的固定主板用的螺钉柱和塑料钉旋入主板与机箱的对应位置，并保证对应的螺钉柱水平高度相同，防止主板被拉变形。安装主板如图 1-45 所示。

【Step4】将主板对准 I/O 接口放入机箱，如图 1-46 所示。

【Step5】固定主板。如图 1-47 所示，将主板固定孔对准螺钉柱和塑料钉，然后用螺钉将主板固定好。

图 1-46　主板对准 I/O 接口放入机箱

图 1-47　固定主板

7. 安装显卡与各种扩展卡

（安装视频：http://v.youku.com/v_show/id_XNDkyOTc3MzQ4.html）

显卡及各种扩展卡的安装分硬件安装和驱动安装。硬件安装就是将卡正确地安装到主板上的对应插槽中，需要掌握的要点是注意插槽的类型。下面以显卡的安装为例。

【Step1】拆除扩充挡板及螺钉。如图1-48所示，从机箱后壳上移除对应扩展插槽上的扩充挡板及螺钉。

【Step2】安装显卡。如图1-49所示，搬开显卡插槽卡子（②），然后将显卡按照③所指示的方向对准显卡插槽并且插入显卡插槽中。

【注意】

务必确认将卡上金手指的金属触点与扩展插槽接触在一起。

【Step3】固定显卡。如图1-50所示，用螺钉⑤旋具将螺钉拧紧，使显卡固定在机箱壳上。

显卡安装完成后，并不能立即工作，还需要在Windows操作系统中安装显卡的驱动程序后才可以使用；如果有的主板显卡是集成的，则可以省去显卡的安装。

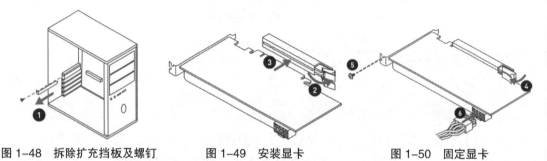

图1-48　拆除扩充挡板及螺钉　　　图1-49　安装显卡　　　图1-50　固定显卡

8. 将机箱前面板的线连接到主板上

一般根据主板说明书连接即可。主板前置面板连接示意图如图1-51所示。

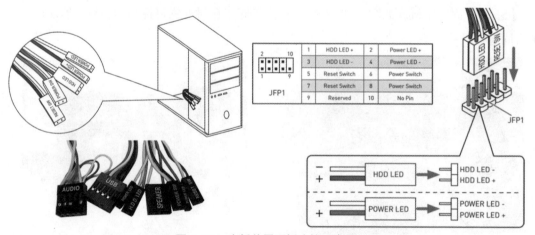

图1-51　主板前置面板连接示意图

连接主板与机箱面板上的开关、指示灯、电源开关等，连接时请参照说明书或主板标记字母与面板连接线的标志，并依次接好。面板连接标志及作用见表1-6。

表 1-6 面板连接标志及作用

面板指示或开关名称	作 用
Power SW（ATX SW）	电源开关，和机箱上最大按钮相连
RESET SW	复位键，和机箱上复位键相连
POWER LED	电源指示灯，和机箱上电源指示灯（绿色）相连
H.D.D. LED	硬盘指示灯，和机箱上硬盘指示灯（红色）相连
SPEAKER	喇叭连线，和喇叭相连

【Step1】安装 POWER LED，具体如下。

①电源指示灯的接线只有1、3位，如图 1-52 所示，1线通常为绿色，在主板上接头通常标为"POWER LED"。

②连接时注意绿线对应第 1 针。

③连接好后，电脑一打开，电源指示灯就一直亮着，为绿色，表示电源已经打开。

【Step2】安装 RESET SW，具体如下。

① RESET SW 连接线有两芯接头，如图 1-53 所示，连接机箱的"RESET"按钮，它接到主板的"RESET"插针上。

图 1-52 POWER LED 接口

图 1-53 RESET SW 接口

②此接头无方向性，只需短路即可进行"重启"动作。

主板上"RESET"针的作用如下：当其处于短路时，电脑就会重新启动。"RESET"按钮是一个开关，按下时产生短路，松开时又恢复开路，瞬间的短路就可以使电脑重新启动。

【Step3】安装 SPEAKER，具体如下。

①如图 1-54 所示，PC 喇叭的 4 芯接头实际上只有 1、4 两根线，主要接在主板的"SPEAKER"插针上。

②连接时注意红线对应"1"的位置，但该接头具有方向性，严格意义上讲，按照正负连接上才可以正常工作，正负方向在主板上有标记。

【Step4】安装 H.D.D.LED，具体如下。

①如图 1-55 所示，硬盘指示灯为两芯接头，一线为红色，另一线为白色，一般红色（深颜色）表示为正，白色表示为负，主板上的接头通常标注"IDE LED"或"H.D.D.LED"。

②连接时红线要对应第 1 针。

图 1-54　安装 SPEAKER 连线

红色

白色

图 1-55　H.D.D.LED 接口

【注意】

　　H.D.D.LED 线接好后，当电脑在读写硬盘时，机箱上的硬盘指示灯会亮，但此指示灯可能只对 IDE 硬盘起作用，对 SCSI 硬盘将不起作用。

【Step5】安装 POWER SW，具体如下。

①如图 1-56 所示，ATX 结构的机箱上有一个总电源的开关接线，是一个两芯的接头。

图 1-56　ATX SW 接口

②此接头无方向性，只需短路即可进行"开机 / 关机"动作。

③可以在 BIOS 设置为关机时必须按电源开关 4 s 以上才能关机，或者根本不能靠开关关机，而只能靠软件关机。

9. SATA 硬盘与光驱的安装

（安装视频：http：//v.youku.com/v_show/ id_XNDkzODU5MTky.html）

硬盘与光驱的安装方法基本相同。

【Step1】确定硬盘、光驱安装位置，如图 1-57 所示。

【Step2】数据线主板接口连接示意图，如图 1-58 所示。

【Step3】确定硬盘、光驱端电源与数据连接，如图 1-59 所示。

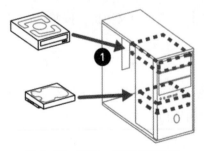

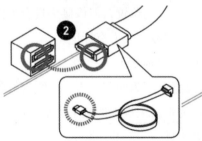

图 1-57　硬盘、光驱安装位置　　　　图 1-58　数据线主板接口连接示意图

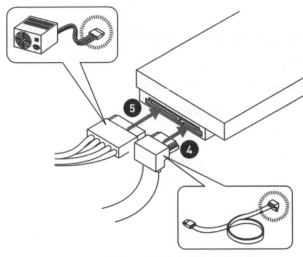

图 1-59　硬盘、光驱端电源与数据连接

10. IDE 硬盘与光驱的安装

【Step1】认识 IDE 设备数据线，如图 1-60 所示。

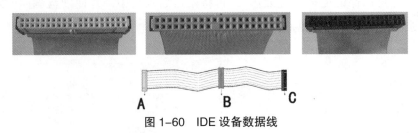

图 1-60　IDE 设备数据线

A—蓝色（或黄色），接主板；B—灰色，接从 IDE 设备；C—黑色，接主 IDE 设备

【Step2】安装光驱。

①确定光驱安装位置。为散热顺畅，应尽量把光驱安装在最上面的位置。

②取下挡板，放入光驱。首先从机箱的面板上取下槽口的塑料挡板，用于安装光驱，然后把光驱从机箱前面放进去。

③固定光驱。在光驱的每一侧用两颗螺钉初步固定，先不要拧紧，这样可以对光驱的位置进行细致的调整，然后把螺钉拧紧，这一步是考虑面板的美观，等光驱面板与机箱面板平齐后再上紧螺钉，如图 1-61 所示。

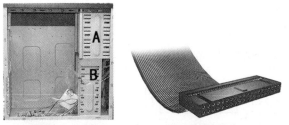

图 1-61　硬盘、光驱及其他 IDE 设备安装位置

A—光驱安装位置；B—硬盘安装位置

【Step3】安装硬盘。

①设置跳线。通常计算机的主板上只安装两个 IDE 接口，而每条 IDE 数据线最多只能连接两个 IDE 硬盘或其他 IDE 设备，因此，一台计算机最多便可连接四个硬盘或其他 IDE 设备。但是在 PC 机中，只可能用其中的一块硬盘启动系统，因此如果连接了多块硬盘则必须将它们区分开来，为此硬盘上提供了一组跳线用于设置硬盘的模式。硬盘的这组跳线通常位于硬盘的电源接口和数据线接口之间。

跳线设置有三种模式，即单机（Spare）、主动（Master）和从动（Slave）。单机就是指在连接 IDE 硬盘之前，必须先通过跳线设置硬盘的模式。如果数据线上只连接了一块硬盘，则需要设置跳线为 Spare 模式；如果数据线上连接了两块硬盘，则必须分别将它们设置为 Master 模式和 Slave 模式，通常第一块硬盘用于启动系统的硬盘并设置为 Master 模式，而另一块硬盘则设置为 Slave 模式。

在设置跳线时，只需要用镊子将跳线夹出，并重新安插在正确的位置即可。

②确定安装位置。在机箱内找到硬盘驱动器舱（硬盘可以选择舱位进行安装，一般原则是靠中间，这样可以保证更多位置散热），再将硬盘插入其中，并使硬盘侧面的螺丝孔与驱动器舱上的螺丝孔对齐，如图 1-62 所示。

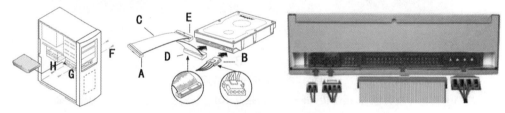

图 1-62　硬盘、光驱安装

A—硬盘、光驱数据线与主板连接；B—硬盘、光驱电源线连接；C—数据线；D—主硬盘；
E—从硬盘；F—硬盘固定螺钉；G—固定螺钉位置；H—硬盘舱

③固定硬盘。用螺钉将硬盘固定在驱动器舱中，在安装时尽量把螺钉上紧，保证其稳固，因为硬盘经常处于高速运转状态，这样可以减少噪声并防止震动。

【注意】

通常机箱内都会预留装两个硬盘的空间，假如只需要装一个硬盘，则需要把硬盘装在离光驱较远的位置，这样更加有利于散热。

④SATA（串行）接口设备安装。串行 ATA 接口，如图 1-63 所示，类型很多。此接口是高速传输的 Serial ATA、SATA 界面端口。每个接口可以连接 1 个硬盘设备。

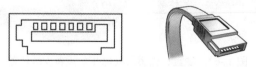

图 1-63　串行 ATA 接口

SATA 接口设备连接安装，如图 1-64 所示。

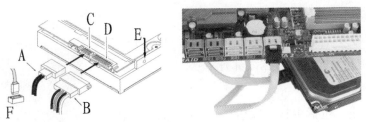

图 1-64　SATA 接口设备连接安装

A—硬盘数据线；B—硬盘电源线连接；C—数据线连接接口；

D—电源连接接口；E—硬盘固定螺钉；F—硬盘数据线与主板连接

　　为方便安装设计，串行 ATA 接口磁盘驱动器正常工作无须设置任何跳线、端接器或进行其他设置。串行 ATA 接口上的每个驱动器通过点对点配置与串行 ATA 主机适配器连接。由于在点对点关系中每个驱动器都被认为是主驱动器，因此驱动器之间没有主从关系。如果两个驱动器连接到一个串行 ATA 主机适配器上，则主机操作系统将把两个设备看作两个单独端口上的"主"设备，这意味着两个设备均作为设备 0（主设备）运行。另外，每个驱动器有其自己的线缆。

　　通常机箱内都会预留装两个硬盘的空间，假如只需要装一个硬盘，则应该把它装在离软驱较远的位置，这样更加有利于散热。另外，请勿将串行数据线对折成 90°，这会造成在传输过程中的数据丢失；串行 ATA 接口磁盘驱动器的安装设计简易方便。使用驱动器正常工作无须设置任何跳线、端接器或进行其他设置；一根串行 ATA 数据线只能接一块硬盘。

　　⑤安装主板电源。只需要将电源上同样外观的插头插入该插口即可完成对 ATX 电源的连接口，如图 1-65 所示。

【注意】

　　I/O 接口的密封形式多样，目前常用的是免拆卸的；扩充插卡位置的挡板可根据需要决定，不要将所有的挡板都取下。

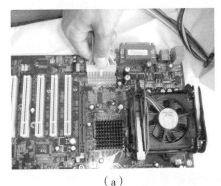

（a）　　　　　　　　　　　　　　（b）

图 1-65　安装主板电源线

11. 完成最后的装机工作

【Step1】连接数据线与电源线。

①先确认 1 号线。如图 1-66 所示，凡是有色标的一边为 1 号线。硬盘、光驱、软驱的数据线都有 1 号线。

②连接数据线。

③连接电源线，包括主板、风扇、硬盘、光驱、软驱电源线。

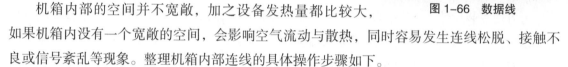
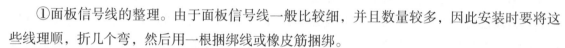

图 1-66　数据线

【Step2】理顺内部的线路，将部分连线进行捆扎固定。

机箱内部的空间并不宽敞，加之设备发热量都比较大，如果机箱内没有一个宽敞的空间，会影响空气流动与散热，同时容易发生连线松脱、接触不良或信号紊乱等现象。整理机箱内部连线的具体操作步骤如下。

①面板信号线的整理。由于面板信号线一般比较细，并且数量较多，因此安装时要将这些线理顺，折几个弯，然后用一根捆绑线或橡皮筋捆绑。

②理顺电源线。将不用的电源线放在一起，避免不用的电源线散落在机箱内。

③音频线处理。CD 音频线是传送音频信号的，尽量避免靠近电源线，以免产生干扰。

④对 IDE、软驱（FDD）线进行整理。

【Step3】安装机箱盖。

①全面检查内部安装情况，检查连接情况、接触是否良好、螺钉固定情况、线路问题等，确保无误。

②盖上主机的机箱盖，上好螺钉，完成主机安装。

【提示】

为了最后开机测试时方便检查出问题所在，此时可以盖上机箱盖但不拧紧螺钉。

【Step4】连接显示器、键盘、鼠标和电源，开机测试。如果在启动中能点亮显示器，则表示安装成功；如果在启动中没有点亮显示器，可以按照下面的办法查找原因所在。

①确认给主机电源供电。

②确认主板已经供电。

③确认 CPU 安装正确，CPU 风扇是否通电。

④确认内存安装正确，并且确认内存完好。

⑤确认显卡安装正确。

⑥确认主板内的信号连线正确，特别是确认 POWER LED 安装无误。

⑦确认显示器与显示卡连接正确，并且确认显示器通电。

⑧若硬件本身出现问题，则需要找销售商处理。

至此，硬件的安装完成。但是，要使计算机为人们服务，还需要进行 BIOS 设置、硬盘的分区和格式化，安装操作系统、驱动程序（显卡、声卡等驱动程序）和应用软件等。

简答题

1.什么是系统软件，它有哪些功能？

2.第一台微型计算机是什么时候发明的？是由哪个公司发明的？

第二章

计算机操作系统安装与配置

第一节 BIOS设置、硬盘分区与格式化

一、BIOS设置

计算机开机时，仔细观察屏幕上出现的信息可以发现，基本是一些英文和数字，当开机时不断按下"F10"键，如图2-1所示。那么这些不断变化的信息都是什么呢？保存在哪里？

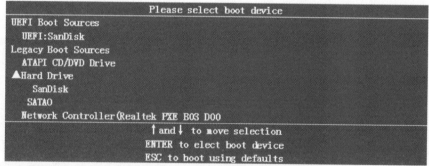

图 2-1 开机选择启动选项

开机信息如图 2-2 所示，其实这些信息的存储与管理就是 BIOS，那么什么时候会用到 BIOS？每一次计算机的启动都离不开 BIOS，初始化硬件、检测硬件、引导操作系统、装系统和超频等情况下都会用到 BIOS。

```
GeForce  7300GT  VGA  BIOS
Version 5.73.22.51.45
Copyright (C) 1996-2006 NVIDIA Corp.
512 MB RAM
```

图 2-2 开机信息

1. BIOS 设置步骤

（1）标准 BIOS 设定包括时间设定、U 盘启动设置、硬盘设置、出错设置。

【Step1】打开计算机电源，如果计算机已经开启，则选择重新启动计算机。

【Step2】进入 BIOS，如图 2-3 所示，按 "DEL" 进入 CMOS 设置程序，BIOS CMOS 设置主程序界面如图 2-4 所示。

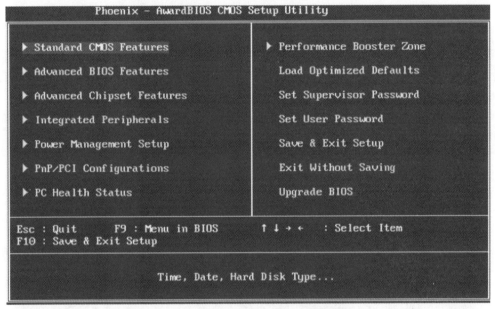

图 2-3　开机画面中 CMOS SETUP 的进入提示

图 2-4　BIOS CMOS 设置主程序界面

【Step3】理解并记忆菜单中的选项。CMOS SETUP 主菜单的功能说明见表 2-1。

表 2-1　CMOS SETUP 主菜单的功能说明

序　号	项　目	含　义
1	Standard CMOS Features	设定标准兼容 BIOS
2	Adavanced BIOS Features	设定 BIOS 的特殊高级功能
3	Adavanced Chipset Features	设定芯片组的特殊高级功能
4	Integrated Peripherals	设定 IDE 驱动器和可变程 I/O 接口
5	Power Management Setup	设定所有与电源管理有关的项目
6	PnP/PCI Configuration	设定即插即用功能及 PCI 选项
7	PC Health Status	对系统硬件进行监控

序　号	项　目	含　义
8	Performance Booter Zone	允许改变 CPU 核心电压和 CPU/PCI 时钟
9	Load Optimized Defaults	加载厂家设定的系统最佳值
10	Set Supervisor Password	设定管理 CMOS 设置的密码
11	Set User Password	设置用户密码，不能更改 CMOS 数据
12	Save & Exit Setup	保存设置并退出设置程序
13	Exit Without Saving	退出设置程序并不保存设置
14	Upgrade BIOS	刷新 BIOS

注：第 8 项建议不要使用，电压和频率设置的不当会对 CPU 或主板造成损坏。

【Step4】选择 "Standard CMOS Features"（标准 BIOS 设置），如图 2-5 所示。

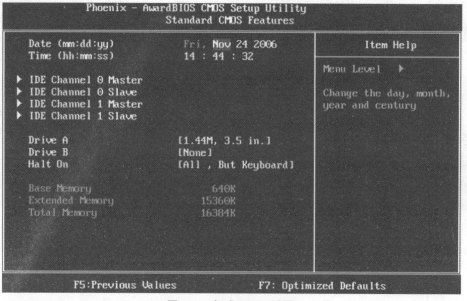

图 2-5　标准 BIOS 设置

【Step5】设定计算机的日期 / 时间。日期的格式是 <day><month><date><year>。

day 星期，从 Sun.（星期日）到 Sat.（星期六），用上、下方向键选。

month 月份，从 Jan.（一月）到 Dec.（十二月），用上、下方向键选。

date 日期，从 1 到 31，可用数字键修改。

year 年，用户设定年份。

时间格式是 <hour><minute><second>。

hour 小时，从 0 到 11，或从 0 到 23。

minute 分，从 0 到 59。

Second 秒，从 0 到 59。

【Step6】硬盘设置：Primary/Secondary IDE Master/Slave，通常选择 Auto 即可。

【Step7】按"F10"键保存，重新启动计算机系统。

（2）设置光盘/U盘启动计算机，目的是用光盘启动计算机安装操作系统或清除计算机病毒。常用的启动项有硬盘、光驱、U盘软启动等。

【Step1】打开计算机电源，如果计算机已经开启，选择重新启动计算机。

【Step2】进入 BIOS。

【Step3】选择"高级 BIOS 设置"。

【Step4】选择"Boot sequence"项，再选择 CDROM/U 盘作为第一引导计算机的设备。

【Step5】按"F10"键保存，重新启动计算机系统。

【Step6】将启动光盘或 U 盘放入相应驱动器中。

【Step7】观察启动设备启动计算机。

（3）设置 BIOS 密码。如何防止非法用户进入计算机或 BIOS 设置程序，BIOS 设置程序提供了设置计算机开机密码和 BIOS 进入密码的功能。

【Step1】打开计算机电源，如果计算机已经开启，选择重新启动计算机。

【Step2】进入 BIOS。

【Step3】选择"高级 BIOS 设置"。

【Step4】选择"Security Option"项，设置密码的作用范围。密码设置选项见表 2-2，选择 Setup 或 System/Always，按 ESC 返回到主菜单。

表 2-2 密码设置选项

选 项	作 用
Setup	当用户进入 BIOS 设置时，需要密码
System/Always	记住计算机开机密码，如果丢失，一般只能拆下 CMOS 放电

【Step5】选择"Supervisor password / User password"，设定管理员/用户密码。屏幕上会提示。

如图 2-6 所示，输入管理员/用户密码。输入密码最多为 6 个字符，然后按"Enter"键。现在输入的密码会清除所有以前输入的 CMOS 密码，并要求再次输入密码。再输入一次密码，然后按"Enter"键。另外，可以按"Esc"键，放弃此项选择，不输入密码。

图 2-6 输入密码

要清除密码，只要在弹出输入密码的窗口时按"Enter"键。屏幕会显示一条确认信息，是否禁用密码。一旦密码被禁用，系统重启后，可以不输入密码而直接进入设定程序。

【Step6】按"F10"键保存，重新启动计算机系统。

【Step7】测试开机密码或 BIOS 设置密码的使用。

2. CMOS 放电步骤

如果在计算机中设置了进入口令，而又忘记了这个口令，将无法进入计算机。但是，口令是存储在 CMOS 中的，而 CMOS 必须通电才能保持其中的数据。因此，可以通过对 CMOS 的放电操作使计算机"放弃"对口令的要求。

【Step1】打开机箱。

【Step2】找到主板上的电池，取下电池，此时 CMOS 将因断电而失去内部储存的一切信息。

【Step3】将电池接通，合上机箱并开机，此时密码去掉。

【Step4】进入 BIOS 设置程序。

【Step5】选择主菜单中的"LOAD BIOS DEFAULT"（装入 BIOS 缺省值）或"LOAD SETUP DEFAULT"（装入设置程序缺省值）。

【Step6】按"F10"键保存，重新启动计算机系统。

> 【注意】
>
> 此操作会将 BIOS 设置的参数恢复到厂家设置的初始设置。

3. 解决每次开机总是需要按"F1"键才能进系统

出现这种现象是因为使用者在对 BIOS 进行优化设置后，将第一启动项修改成了软驱（Floppy），由于使用者没有安装软驱，因此就会出现以上现象。

【Step1】开机后按下"Delete"键，进入 BIOS 设置。

【Step2】更改错误的设置。进入 BIOS 主界面，选择左边第二个选项"Advanced BIOS Features"，选择"First Boot Device"，将第一启动项由"floppy"改为"HDD"或者"CDROM"。

【Step3】保存并进行验证。按"F10"键保存并退出，同时进行验证，如果故障依旧则进入下一步。

【Step4】更换 COMS 电池（可能是 CMOS 电池没电），再次进入 BIOS 设置程序重新进行相关设置。

4. 去掉计算机的开机密码

【Step1】关闭计算机，切断（拔掉）电源线。

【Step2】释放静电。

【Step3】打开机箱。

【Step4】找出清除 CMOS 资料的跳线或找到主板上的电池，取下电池，此时 CMOS 将因断电而失去内部储存的一切信息。

【Step5】将电池接通，合上机箱并开机，此时密码去掉。

【Step6】进入 BIOS 设置程序。

【Step7】选择主菜单中的"LOAD BIOS DEFAULT"（装入 BIOS 缺省值）或"LOAD SETUP DEFAULT"（装入设置程序缺省值）。

【Step8】按"F10"键保存，重新启动计算机系统。

二、硬盘分区与格式化

1. 查看硬盘分区格式

【Step1】鼠标右击桌面"计算机 / 此电脑"，然后单击"管理"（见图 2-7），打开"计算机管理"窗口（见图 2-8）。

图 2-7　鼠标右击"计算机 / 此电脑"

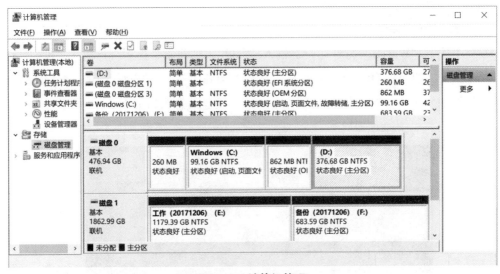

图 2-8　计算机管理

【Step2】在"计算机管理"窗口中单击"磁盘管理"。

【注意】

　　也可以运行"diskmgmt.msc"打开磁盘管理器。

【Step3】鼠标右击"磁盘 0"（见图 2-9），打开"磁盘属性"窗口（见图 2-10）。

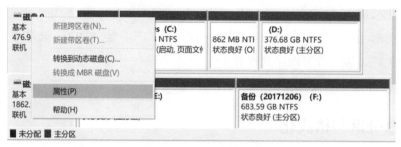

图 2-9　右击磁盘 0

【Step4】鼠标右击"策略"标签，可以看到磁盘分区格式为 GPT（见图 2-11）。

图 2-10　"磁盘属性"窗口

图 2-11　磁盘属性 – 策略窗口

【Step5】按下"Win+R"打开运行，输入"cmd"，打开命令提示符；输入"diskpart"，按"Enter"键执行，切换到 DISKPART 命令，输入"list disk"，按"Enter"键；查看最后一列的 GPT，如果有 * 号则为 GPT，如果没有则为 MBR。硬盘信息窗口如图 2-12 所示。

图 2-12　硬盘信息窗口

2. 观察体验 MBR 分区表和 GPT 分区表的区别

【Step1】鼠标右击桌面"计算机 / 此电脑"，然后依次单击"管理 / 磁盘管理"，如图 2-13

和图 2-14 所示。

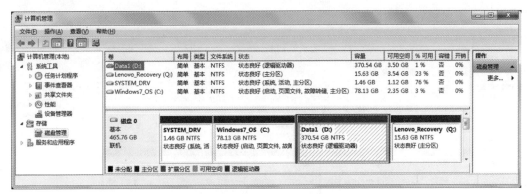

图 2-13　MBR 分区磁盘管理状态

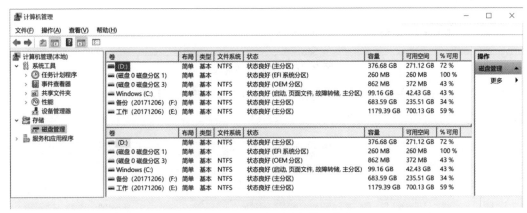

图 2-14　GPT 分区磁盘管理状态

【Step2】观察比较 MBR 分区表和 GPT 分区表的区别。

3. 硬盘空间任意调整的技能

若 E 盘空间不足，如何把 E 盘的多余空间转移到 F 盘上。

【Step1】查看调整前的状态，如图 2-15 所示。

图 2-15　调整前磁盘空间

【Step2】鼠标右击桌面"计算机 / 此电脑",然后单击"管理",如图 2-16 所示,打开"计算机管理"窗口,选择 F 盘。

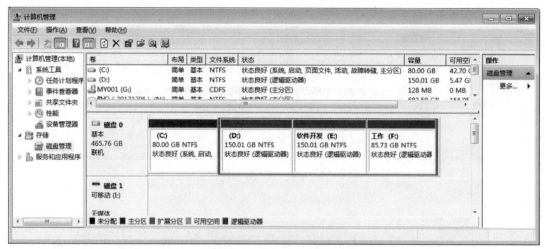

图 2-16　调整前磁盘空间

【Step3】选择想要压缩对应磁盘的分区,如图 2-17 所示,右击"压缩卷",系统显示如图 2-18 所示。

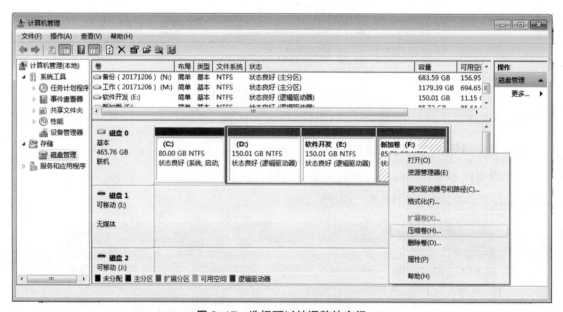

图 2-17　选择可以被调整的空间

图 2-18　查询可以被调整的空间

【Step4】输入可以压缩的空间大小（见图2-19），鼠标单击"确定"，压缩后的空间如图2-20所示。

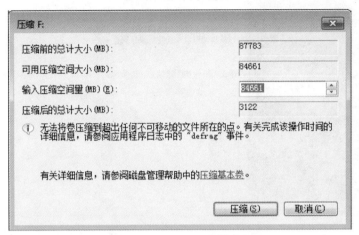

图 2-19 选择压缩后的空间

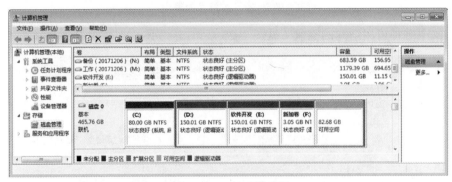

图 2-20 压缩后的空间

【Step5】鼠标右击需要空间扩展的E盘，选择"扩展卷"（见图2-21），打开"扩展卷向导"（见图2-22）。

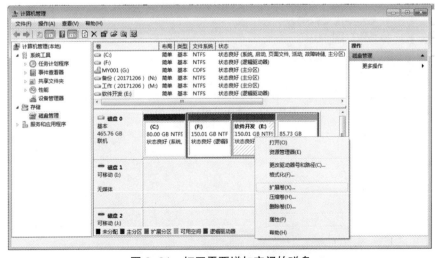

图 2-21 打开需要增加空间的磁盘

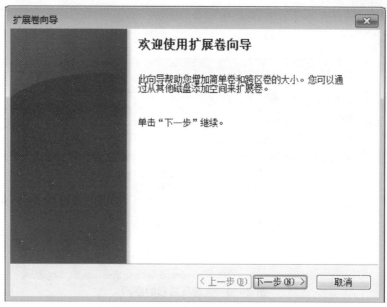

图 2-22　扩展卷向导

【Step6】选择可用空间的磁盘（见图 2-23），单击"下一步"，完成扩展（见图 2-24）。

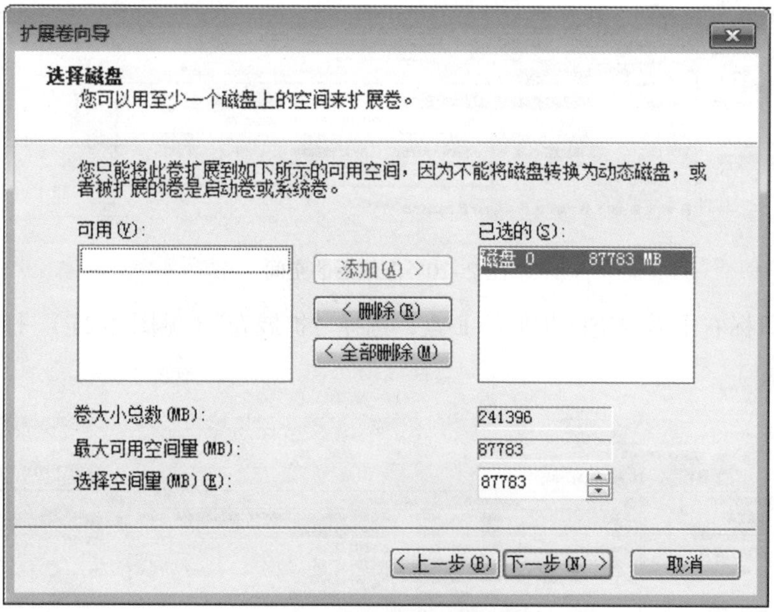

图 2-23　选择可用空间的磁盘

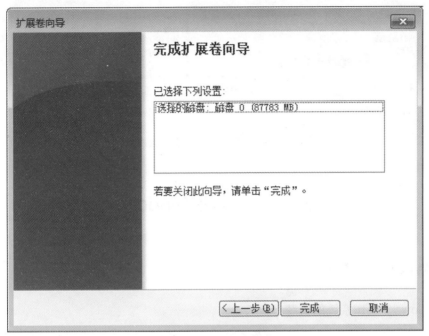

图 2-24　完成扩展卷

【Step7】调整后的空间结果如图 2-25 所示。

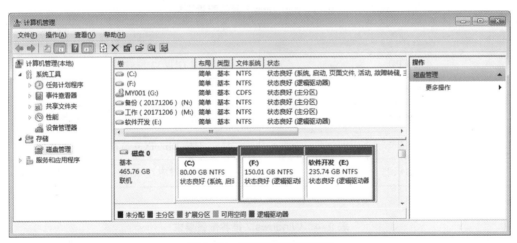

图 2-25　调整后的空间结果

4. 注意事项

（1）分区表转换是针对整块硬盘的，一块硬盘包含 C、D、E 盘等若干个分区。

（2）GPT 与 MBR 之间的转换会清空硬盘所有数据，需要转移硬盘数据，注意数据安全。

（3）DiskGenius 专业版（付费软件）支持无损分区表转换。

转换磁盘为"动态磁盘"，如图 2-26 所示。

图 2-26　启用转换到动态磁盘操作

第二节　安装Windows

一、Windows 7操作系统安装

1. Windows 7 操作系统的安装

Windows 7 是目前应用最广泛的操作系统，具有界面友好、稳定性好、兼容性强等特点。安装 Windows 7 的最低硬件配置要求和推荐硬件配置要求分别如表 2-3 和表 2-4 所示。

表 2-3　Windows 7 最低配置要求

硬件	配置要求
CPU	1 GHz 32 位或者 64 位处理器
内存	1GB 及以上
硬盘	16G 以上（主分区，NTFS 格式）
显卡	支持 DirectX 9 显存 128 M 及以上
显示器	要求分辨率在 1024×768 像素及以上

表 2-4　Windows 7 推荐配置要求

硬件	配置要求
CPU	2 GHz 64 位处理器
内存	2 GB 及以上
硬盘	40G 以上（主分区，NTFS 格式）
显卡	支持 DirectX 11 显存 512 M 及以上
显示器	要求分辨率在 1024×768 像素及以上

Windows 7 推荐的配置只满足普通用户的需要，而对于游戏玩家或者需要运行大型应用程序的用户而言，则需要更高的硬件配置。

2. 设置 BIOS

在安装操作系统之前，首先需要设置 BIOS，目的是使计算机的启动顺序设置为光驱启动优先。这样我们就可以用手中的 Windows 7 系统光盘来安装操作系统了。

（1）在开机时按下键盘上的"Del"或者"F2"键，进入 BIOS 设置界面，如图 2-27 所示。

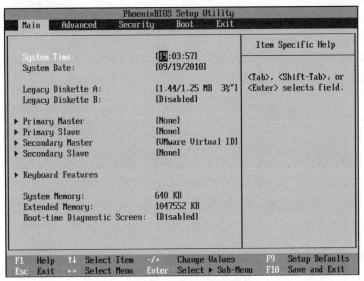

图 2-27　BIOS 设置界面

（2）按键盘上"→"键，将光标定位在"BOOT"选项卡上，如图 2-28 所示。

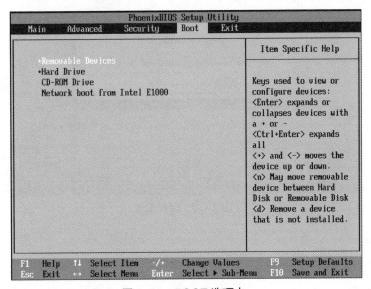

图 2-28　BOOT 选项卡

（3）通过键盘的上下键将光标定位到"CD-ROM Drive"项上，点按"+"键直到"CD-ROM Drive"项移动到最上方，如图2-29所示。

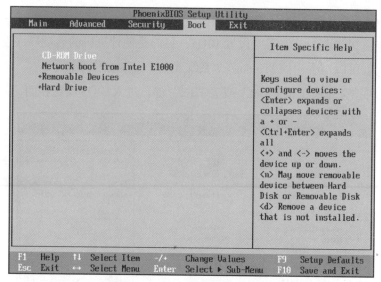

图2-29 "CD-ROM Drive"项

（4）按键盘上的"F10"键，弹出确认修改的对话框，选中"Yes"命令，按"Enter"键，如图2-30所示，计算机会重新启动，此时已将计算机设置为光驱启动优先。

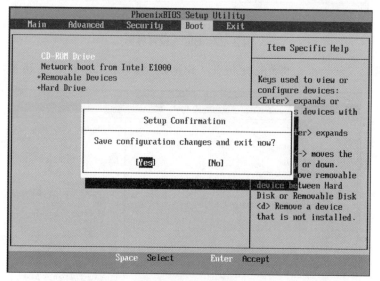

图2-30 保存设置

3. 安装步骤

（1）我们安装的是中文旗舰版本，所以默认语言就是中文，旗舰版本还可以在安装后安装多语言包，升级支持其他语言显示，语言设置好后，点击"下一步"，如图2-31所示。

图 2-31　开始安装界面

（2）点击"现在安装"即可，如图 2-32 所示，本图是全新安装，所以没有看到升级界面上兼容测试等选项（如果从低版本 Windows 上点击安装就会出现）。图 2-32 中左下角有个"修复计算机"选项，这在 Windows 7 的后期维护中，作用很大。

图 2-32　单击"现在安装"按钮

（3）选中"我接受许可条款"前的对号，以确认微软操作系统的许可，之后点击"下一步"，如图 2-33 所示。

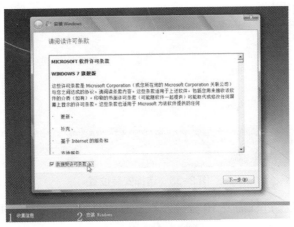

图 2-33　许可条款

（4）选择安装模式，这里推荐选择"自定义"方式进行全新安装，因为 Windows 7 升级安装只支持打上 SP1 补丁的 Windows Vista，其他操作系统都不可以升级。选择"自定义（高级）"并单击下一步，如图 2-34 所示。

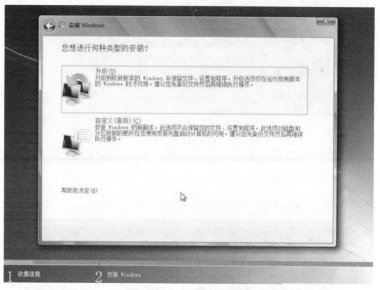

图 2-34　安装模式（5）

（5）选择安装的位置，点击"下一步"即可，如果需要对系统盘进行某些操作，比如格式化、删除驱动器等都可以在此操作，方法是选中驱动器盘符，然后点击下面的"驱动器选项（高级）"，这时候会出现一些常用的命令，包括删除或创建新系统盘等，如图 2-35 所示。

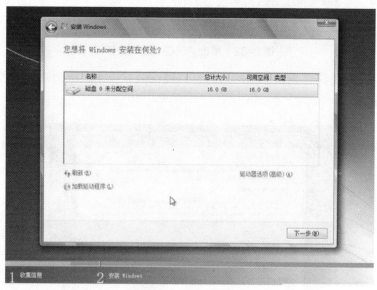

图 2-35　选择安装位置

（6）开始安装，完整过程需要 10 分钟左右，具体时长依赖于计算机硬件的性能，过程中会多次重启，如图 2-36 所示。

图 2-36 开始安装

（7）安装完成后会进入 Windows 7 操作系统，首先要根据提示创建用户和密码，此外还要设置更新配置、日期和时间等。完成设置后即可进入 Windows 7 系统桌面，如图 2-37 所示。

图 2-37 Windows 7 系统桌面

二、驱动程序的安装与备份

驱动程序是使操作系统和硬件设备建立联系的一种特殊程序。不同的硬件设备所需要的驱动程序也不同，所以一定要根据操作系统的版本和硬件设备的型号来正确选择驱动程序。

1. 获取驱动程序的方法

（1）操作系统自带驱动程序。

操作系统通常附带较多的通用驱动程序，如 Windows 7 操作系统中就附带了大量的通用驱动程序，所以在安装了 Windows 7 操作系统后绝大部分硬件都已经被正确识别了。而

Windows 7 操作系统中附带的驱动程序还有另外一个优势，就是它们都通过了微软 WHQL（Microsoft Windows Hardware Quality Lab，WHQL）数字认证，可以保证驱动程序与操作系统完全兼容。

（2）硬件设备自带驱动程序光盘。

通常硬件设备的生产商都会研发针对不同操作系统的专用驱动程序，这种驱动程序都会以光盘的形式和硬件设备一同销售给用户。这种驱动程序的针对性更强，所以相对 Windows 7 操作系统自带的通用驱动程序来说，它们的性能更加出色。

（3）从网络上下载驱动程序。

大多数的硬件生产商都会将驱动程序上传到网络上，供用户下载。用户在下载时要注意其针对的操作系统版本，以及驱动程序的版本，如果硬件较新，那么建议下载最新的驱动版本，这样会提升硬件设备的性能。

2. 自动安装驱动程序

用户从网络上下载的驱动程序，以及随硬件设备购买的光盘中的驱动程序，都可以双击 Setup.exe 程序，运行后按照提示进行安装，这个过程几乎不需要用户进行任何设置就可以顺利安装完成。这是我们推荐的硬件设备驱动程序安装方法。

3. 使用"驱动精灵"安装驱动程序

如果用户的驱动程序光盘损坏或丢失，且无法在网络上下载到驱动程序，那么我们可以使用第三方工具软件来帮助我们下载并安装驱动程序。这里我们以一款名为"驱动精灵"的软件为例来讲解如何下载并安装驱动程序。

（1）从"驱动精灵"官方网站下载并安装软件，进入主界面后单击"一键体检"按钮，软件会检测需要安装或更新的硬件，如图 2-38 所示。

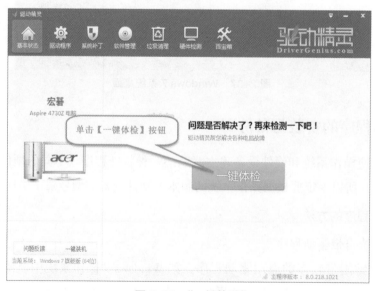

图 2-38　"一键体验"

（2）单击"驱动程序"按钮，在打开的页面中会显示需要安装的驱动程序的详细信息，如图 2-39 所示。

图 2-39　"驱动程序"

（3）查找需要安装或者更新的硬件驱动程序，单击其后面的"安装"按钮，软件会自动进行下载，并运行驱动程序安装文件，如图 2-40 所示。

图 2-40　点击"安装"

（4）系统会弹出驱动程序安装文件的运行页面，点击"安装"按钮，软件会自动安装驱动程序，如图 2-41 所示，安装完成后，点击"完成"按钮即可。

图 2-41　驱动程序安装

4. 备份驱动程序

备份驱动程序通常使用第三方工具软件，例如，上文提到的"驱动精灵"就提供了备份驱动程序的功能。其作用是把驱动程序复制到硬盘的其他分区，当系统出现故障需要重新安装时，只需将备份的驱动程序还原即可。

（1）点击驱动程序页面的"备份还原"按钮，软件会将所有驱动程序列出，如图 2-42 所示。

图 2-42　"备份还原"

（2）点击需要备份的驱动程序右侧的"备份"按钮，之后会弹出备份成功的提示，点击"确定"即可完成备份，如图 2-43 所示。

图 2-43　完成备份

简答题

1. 为了防止别人进入您的计算机，可以设置哪些密码？

2. 常用的用于设置 CMOS 的 BIOS 芯片有哪三种？

3. 简述 CMOS 和 BIOS 的联系。

4. 列举查出 BIOS 版本的方法。

5. BIOS 芯片的特点是什么？

6. CMOS 芯片的特点是什么？

7. 怎样进入 BIOS 设置程序？

第三章

安装驱动程序与应用软件

第一节　安装驱动程序概述

计算机在使用过程中会出现一些故障，如突然听不到声音、网络经常掉线、显示不正常等问题。

驱动程序十分重要，计算机硬件的运行离不开驱动的支持，驱动程序被喻为"硬件的灵魂""硬件的主宰""神经中枢""硬件和系统之间的桥梁"等。

一、常见驱动程序的安装与顺序

1. 常见驱动程序的安装

（1）利用可执行文件安装。很多驱动程序带有 Setup.exe（或 Install.exe 等）文件，可直接执行该文件自动进行安装。

（2）手工安装。手工安装也是很常用的方法。用鼠标右击桌面上的"我的电脑"图标，从弹出的快捷菜单中选"属性"选项，再选"设备管理器"，然后找到需要安装驱动程序的设备，在相应的任务栏中选择需要安装或升级的设备，进行相应的操作即可完成程序安装。

另外，用 Windows 9X"控制面板"中的"添加新硬件"，同上面的方法一样也能很好地完成新硬件的安装。在使用此操作方法时，只需要为系统指明新硬件 .inf 文件的路径，该硬件安装向导即可自行完成驱动的安装。

（3）特别安装法——打印机驱动程序的安装。在计算机中还有一些特别的驱动程序的安装方法，如打印机驱动的安装。

打印机驱动程序需要用以下方法安装：打开"我的电脑"，选择"打印机"选项，再执行"添加打印机"选项，然后按提示选择打印机驱动文件的路径，即可完成对打印机驱动的安装。

2. 驱动程序的安装顺序

驱动程序的安装顺序影响系统的正常稳定运行，没有正确按照顺序安装驱动程序，会造成某些部件的功能错误或系统错误。驱动程序的安装顺序如图 3-1 所示。

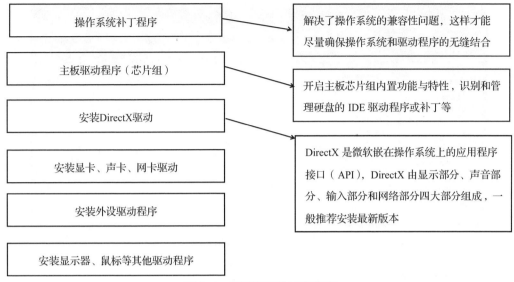

图 3-1　驱动程序的安装顺序

（1）主板驱动程序。主板是所有配件的核心，只有主板正常工作其他部件才可能正常，特别是对 VIA 芯片组的主板来说更要注意安装 VIA 4IN1 的补丁。

（2）DirectX 和操作系统的补丁程序。

（3）显卡、声卡、网卡、调制解调器、SCSI 卡的驱动程序。

（4）外设驱动，如打印机、扫描仪、读写机等驱动程序。

（5）其他驱动，如显示器、鼠标和键盘等。

3. 主板驱动程序安装的注意事项

目前，所有的主板都提供"傻瓜化"安装驱动程序，只要依次用鼠标选择安装项即可。

采用 Intel 芯片组的产品，要求在先安装主板驱动以后才能安装其他驱动程序。因此，一般先安装主板驱动程序后再安装其他驱动程序。Intel 主板驱动为两个文件，并且有安装次序之分：先安装 INF，再安装 IAA。安装 INF 后要重新启动电脑，否则会提示不能安装。

威盛主板驱动程序只需要执行一个安装程序就能全部完成。安装时直接执行安装程序，然后依次单击"下一步"按钮即可，直到系统提示重新启动计算机。

AMD 的处理器需要安装驱动，在 Window XP 下安装 AMD 处理器驱动以后系统性能有一定的提升。

4. 驱动程序的获得

驱动程序一般可通过三种途径得到：一是购买硬件时附带驱动程序；二是操作系统自带大量驱动程序；三是从 Internet 下载驱动程序。最后一种途径往往能够得到最新的驱动程序。

5. 驱动程序存储的位置

驱动程序一般存在 C：\windows\system32\drivers 文件夹下，如图 3-2 所示。

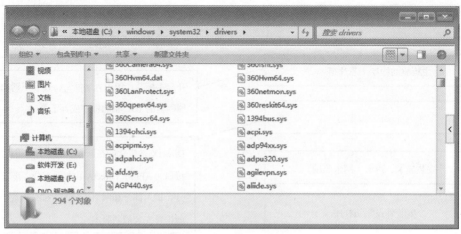

图 3-2　驱动程序文件夹

二、驱动程序的安装与步骤

1.安装主板驱动程序（微星主板，Windows）

【Step1】启动计算机进入 Windows 10。

【Step2】将 MSI 驱动光盘放入计算机光驱中。

【Step3】安装界面将会自动出现，如图 3-3 所示，并且弹出一个对话框列出所有必需的驱动程序。

图 3-3　安装界面

【Step4】单击"InstALL"按钮。

【Step5】软件安装开始进行。完成安装后将提醒用户重启计算机。

【Step6】单击"OK"按钮完成安装。

【Step7】重新启动电脑。

2.显卡驱动程序安装

【Step1】启动计算机进入 Windows 10。

【Step2】将显卡驱动光盘放入计算机光驱中。

【Step3】安装界面将会自动出现，如图 3-4 所示，并且弹出一个对话框列出所有必需的驱动程序。

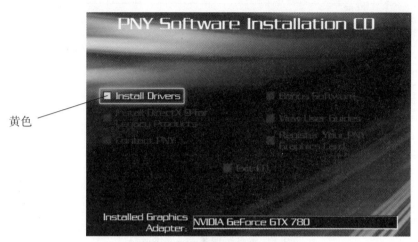

图 3-4 显卡驱动安装界面

【Step4】单击 "Install Drivers" 按钮。

【Step5】软件安装开始进行。完成安装后将提醒用户重启计算机。

【Step6】单击 "OK" 按钮完成安装。

【Step7】重新启动电脑。

3. 一般驱动程序的安装

【Step1】外接设备连接电脑，观察 "设备管理器" 界面，在列表中出现了一个前面带有黄色图标的设备名（需要对其进行驱动安装）。

【Step2】选中此设备名，然后单击鼠标右键，在弹出的快捷菜单中选择 "属性"。

【Step3】选择打开 "驱动程序"，然后选择下面的 "更新驱动程序选项"。

【Step4】如果连接的是一些大众化的外接设备，并且电脑处在联网的状态，就可以选择 "自动搜索更新的驱动程序软件"，然后电脑系统将会通过网络寻找安装相应的驱动程序。

【Step5】如果外接设备本身附带有安装光盘或者文件，用户就可以选择 "浏览计算机以查找驱动程序软件"，通过浏览安装文件所在的路径，然后进行安装。

【Step6】还有一种方法是选择 "从计算机的设备驱动程序列表中选择"，系统将根据外接设备的类型筛选出与其相兼容的驱动，此时用户可以进行选择安装。

4. 查出自己计算机的驱动程序安装位置

方法一：

【Step1】打开 "设备管理器——网络适配器" 界面，如图 3-5 所示。

【Step2】选择 "设备管理器" 并打开相应驱动的设备。例如，查看网卡驱动位置，并选择"网络适配器"选项，选择相应的设备驱动程序。

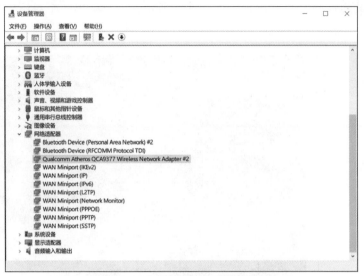

图 3-5　设备管理器——网络适配器

【Step3】选中此设备名，然后右击，在弹出的快捷菜单中选择"属性"，如图 3-6 所示。

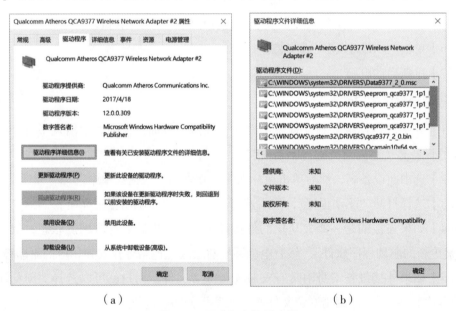

（a）　　　　　　　　　　　　　　（b）

图 3-6　驱动程序位置查看

方法二：单击"开始"，在"运行"框中输入 C：\windows\system32\drivers，按"Enter"键。

方法三：打开桌面上的计算机，在地址栏上输入 C：\windows\system32\drivers，按"Enter"键。

方法四：按"Win＋R"快捷键，打开运行框，输入"msinfo32"，按"Enter"键。

5. 用第三方软件安装驱动程序（驱动精灵）

【Step1】下载软件。登录官网（http：//www.drivergenius.com/），下载软件。

【Step2】安装软件（关闭不必要的选项，可以更改选项，建议关闭一些安全软件，注意一些捆绑软件的安装提示，可以选择不安装）。驱动精灵主界面如图 3-7 所示。

图 3-7　驱动精灵主界面

【Step3】使用驱动精灵解决驱动问题（如计算机突然听不到声音）。另外，也可以选择使用驱动精灵更新最新硬件驱动或修复一些驱动故障。

6. 更新驱动程序——以华硕显卡为例

【Step1】进入官网，如图 3-8 所示，输入使用的产品型号。

图 3-8　输入使用的产品型号

【Step2】进入产品页面后，选择"服务与支持"。

【Step3】选择"驱动程序和工具软件"。如图 3-9 所示，选择计算机的操作系统版本。

图 3-9　选择计算机的操作系统版本

【Step4】如图 3-10 所示，下载所需要的驱动软件。

芯片组(1)						
版本	描述	系统	文件大小	更新	下载	选择(批量下载)
10.1.1.8	Intel晶片驱动程式V10.1.1.8 支援系统: Windows 10 64位元	Windows 10 64bit	4.02 MBytes	2015/07/30	↓	☐

图 3-10　下载所需要的驱动软件

【Step5】下载完毕后将文件夹解压缩后并打开，双击"Asus Setup"或是"Setup"进行安装。

第二节　安装常用软件

一、安装常用应用软件

应用软件是为满足用户不同领域、不同问题的应用需求而提供的部分软件。它可以拓宽计算机系统的应用领域，同时放大硬件的功能。

1. 安装 WPS

（1）下载免费的 WPS。在 WPS 官网下载 WPS（图 3-11）。

图 3-11　WPS 免费下载页面

（2）安装 WPS 2016。

【Step1】单击安装程序，如图 3-12 所示。

W.P.S.7106.19.552	2018/2/25 16:06	应用程序	66,942 KB

图 3-12　安装程序

【Step2】打开安装程序，如图 3-13 所示。

【注意】

　　单击"更改设置"可以重新确定软件的安装位置。

图 3-13　安装设置

【Step3】启动安装，鼠标单击"立即安装"（见图 3-13），开始安装（见图 3-14）。

图 3-14　开始安装

【Step4】解除防火墙对捆绑软件的检测（见图 3-15）。

图 3-15　捆版软件的阻止

【Step5】安装成功，启动欢迎使用 WPS Office 界面（见图 3-16）。

图 3-16　欢迎界面

（3）WPS 的使用。

【Step1】单击左侧"单击进入"按钮（见图 3-16），进入"账号登录"界面（见图 3-17）。关闭"账号登录"界面，选择不登录使用 WPS Office。

图 3-17　账号登录

【Step2】图 3-18 为 WPS 文字处理软件界面。

图 3-18　WPS 文字

【Step3】如图 3-19 所示，新建一个空白文档。

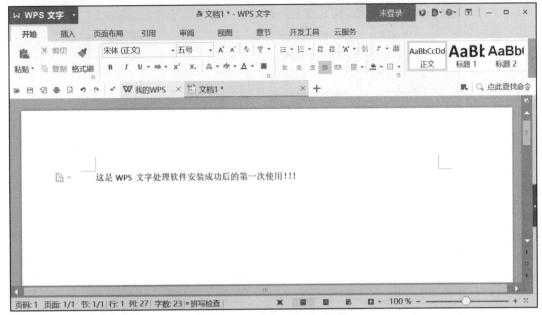

图 3-19 新建一个空白文档

2. 安装 Office 2003

【Step1】选择 Office 软件版本，可选择的一般有 Office 2000、Office XP、Office 2003 和 Office 2007 等。

【Step2】开启计算机系统。阅读说明书，记住安装序列号，如 ××××× - ××××× - ××××× - ××××× - ×××××。

【Step3】启动安装介质。将 Office 2003 的安装盘放入光驱中。如果光驱设置为自动运行，则 Office 2003 安装程序会自动运行，否则需要打开安装介质，单击安装程序"Setup.exe"。

【注意】

也可以将安装程序拷贝至其他存储介质，并进行安装。

【Step4】检测与设置安装环境。如图 3-20 所示，表示 Office 2003 程序正在准备安装，检测与设置安装程序，请等待。

图 3-20 准备安装提示窗口

【Step5】准备安装向导。准备安装向导如图 3-21 所示。

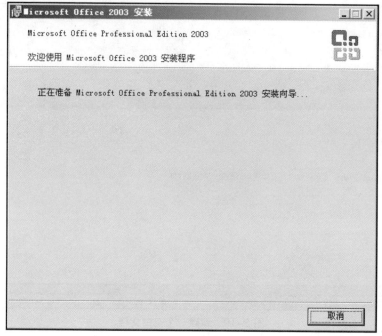

图 3-21　准备安装向导

【Step6】输入产品密钥。如图 3-22 所示，根据产品提供的安装密钥正确录入。

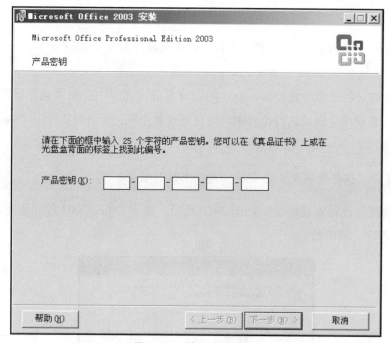

图 3-22　输入产品密钥

【Step7】输入用户信息。如图 3-23 所示，输入注册的用户信息，如用户名、缩写和单位。

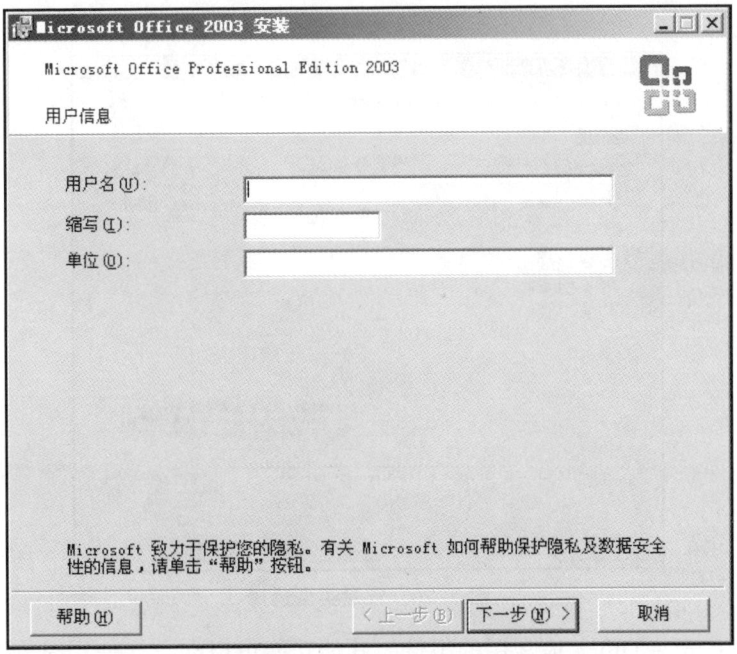

图 3-23　软件注册信息输入

【Step8】阅读最终用户许可协议。如图 3-24 所示，阅读最终用户许可协议。

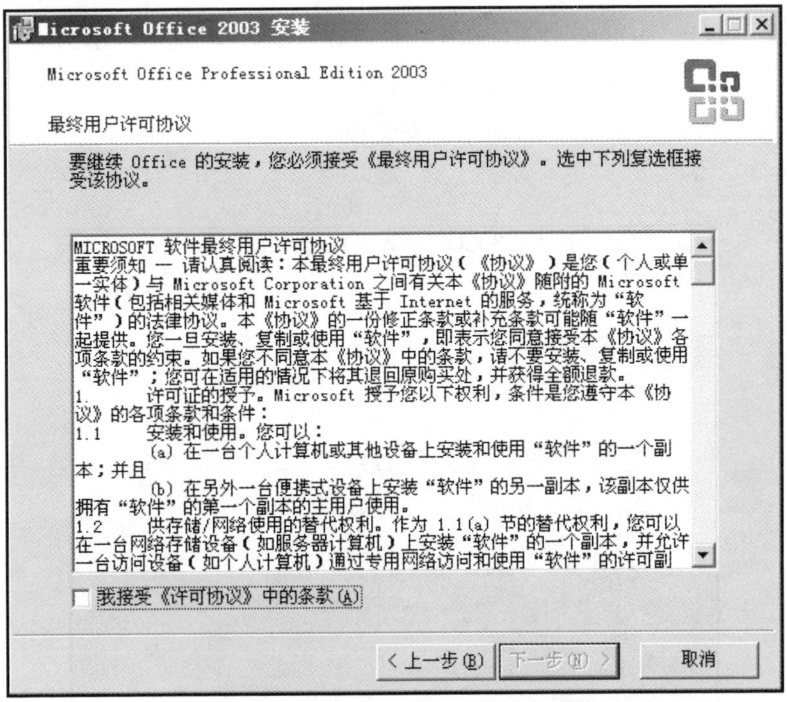

图 3-24　"最终用户许可协议"界面

【Step9】安装类型选择。如图 3-25 所示，安装类型包括典型安装、完全安装、最小安装和自定义安装。

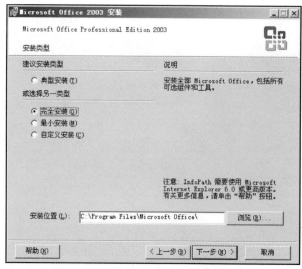

图 3-25　安装类型选择

①典型安装：安装 Office 最常用的组件。其他功能可以在首次使用时安装，也可以通过控制面板中的"添加 / 删除程序"添加。

②全部安装：安装全部 Office，包括所有的可选组件和工具。

③最小安装：仅安装 Office 必需的最少组件，建议磁盘较小空间时使用。

④自定义安装：通过选择安装，建议高级用户使用。

【Step10】安装摘要。如图 3-26 所示，安装程序准备摘要窗口，列表显示安装组件的运行情况。

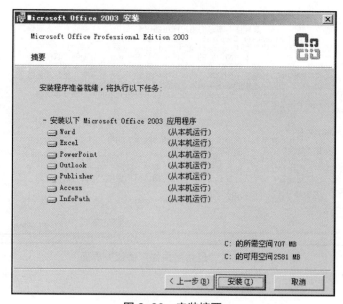

图 3-26　安装摘要

【Step11】开始安装。如图 3-26 所示，单击"安装"按钮，然后开始安装，如图 3-27 所示。

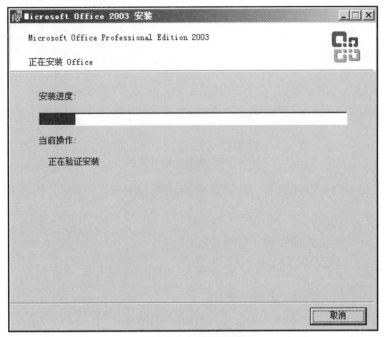

图 3-27　正在安装

【Step12】安装完成。安装过程如图 3-28 所示，可以选择复选框"检查网站上的更新程序和其他下载内容"，以获得网上提供的可用组件或安全更新。

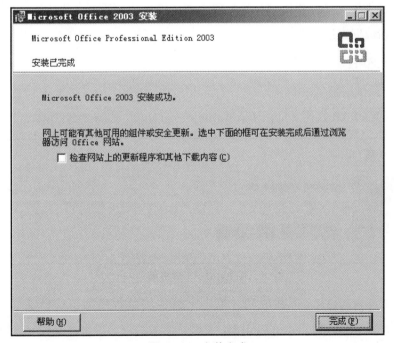

图 3-28　安装完成

【Step13】重新启动计算机，完成最后设置。如图 3-29 所示，重新启动计算机，对 Office 做的设置修改才会生效，因此建议重新启动。

图 3-29　重新启动计算机

【Step14】验证 Office 组件安装。分别启动各 Office 组件，安装部分初次安装使用的程序，验证安装成功。

3. 安装 Office 文件格式兼容包（Office 2007）

【Step1】下载兼容包，可以进入百度，输入"Office 文件格式兼容包"，可以搜索到很多安装链接，选择其中某一链接，下载兼容包。

【Step2】下载完成以后打开安装包，勾选软件使用条款并单击"Continue"按钮。

【Step3】安装完成以后就可以正常打开"Office 2007"的文档，如 docx、xlsx 等文件类型。

二、安装工具软件

工具软件是为了满足计算机用户某类特定需求设计的功能单一的软件，如用户经常用到的解压缩软件和数据恢复软件等。

1. 安装 WinRAR

【Step1】下载试用版 WinRAR。

下载地址：WinRAR 官网（http：//www.winrar.com.cn/），如图 3-30 所示，选择 64 位下载。

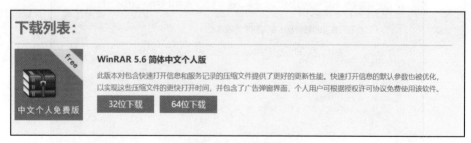

图 3-30　下载界面

【Step2】安装 WinRAR。下载成功，单击下载的安装程序后，选择安装文件夹（见图 3-31），默认为"C：\Program Files\WinRAR"，阅读安装协议，单击"安装"按钮开始安装。

图 3-31　安装位置选择

【Step3】安装选项。可以选择 WinRAR 压缩或解压缩关联的文件、界面和外壳整合设置。如图 3-32 所示，选项选择好之后，单击"确定"按钮完成安装。

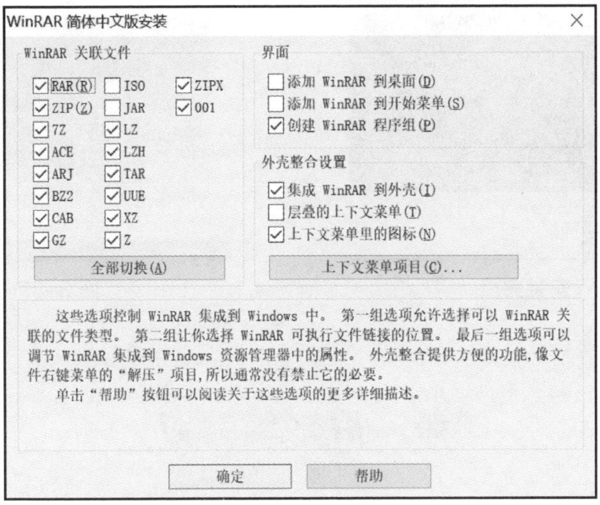

图 3-32　安装选项

2. 安装 EasyRecovery

【Step1】下载 EasyRecovery。如图 3-33 所示，选择"立即下载"，将文件存在指定位置。

图 3-33　下载界面

【Step2】安装 EasyRecovery。下载成功，单击下载的安装程序后可以自定义安装，也可以改变安装位置，阅读安装协议，单击"立即安装"按钮开始安装（见图 3-34）。安装中界面如图 3-35 所示。

图 3-34　安装位置选择

图 3-35　安装中

【Step3】安装完成。安装完成后单击"立即体验"（见图 3-36），打开软件后界面如图 3-37 所示。

图 3-36　安装完成

图 3-37　功能

简答题

1. 简述驱动程序的获得途径。

2. 简述驱动程序的安装顺序。

3. 简述如何取消 Windows 驱动认证（Windows10、Windows XP）。

4. 简述安装 Office 文件格式兼容包的意义。

5. 动手操作，体验"云存储"，并说明其意义。

第四章

常用硬件检修维护

第一节　主板、CPU、内存

一、主板

主板，如图 4-1 所示，英文名为"Mainboard"或"Motherboard"，既是计算机中最大的一块电路板，也是计算机所有设备的载体，供各种计算机设备的接合。

图 4-1　主板

1.主板认识

【Step1】主板品牌见表 4-1。

表 4-1　主板品牌

品　牌	标　志	网　址
Intel	intel.	http://www.intel.com.cn
华硕	ASUS	http://www.asus.com.cn

续表

品　牌	标　志	网　址
技嘉科技	GIGABYTE®	http://www.gigabyte.com.cn/
微星科技	MSI	http://cn.msi.com
精英	ECS	http://www.ecs.com.cn/

【Step2】阅读主板说明书，了解主板的基本情况，可以从素材库（主板说明书）中阅读各种主板的说明书。

【Step3】观察主板实物图，如图4-2所示。参考图4-3确定主板附件的位置及相关参数。主板组件情况见表4-2。

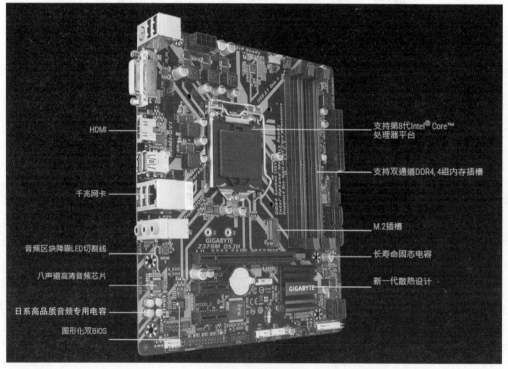

图 4-2　主板实物图

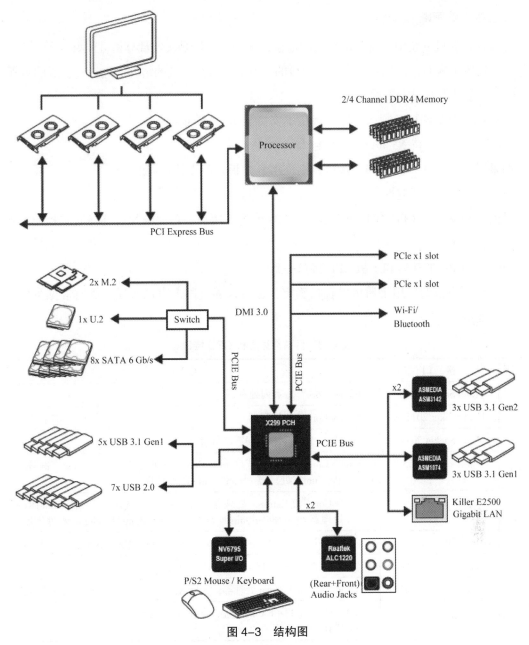

图 4-3 结构图

表 4-2 主板组件情况

位 置	组 件	备 注
1	CPU 插槽	Socket 1151
2	北桥芯片组	看到的是覆盖的散热片，芯片组为 X299
3	南桥芯片组	看到的是覆盖的散热片
4	内存条插槽	标注的 "DDR 4" 内存插槽，槽数量为 8
5	固态硬盘接口	M.2 插槽

2.主板选购策略

主板在计算机系统中占有举足轻重的地位，主板的好坏是决定计算机性能好坏的一个主要因素。在选购主板时，首先要明确购机的目的，然后在价格允许的情况下选择一块好的主板。

【Step1】是否有显卡插槽。

如果没有显卡插槽，则该型号主板是不支持显卡扩展的。

【Step2】是否支持 NVMe 的 M.2 接口。

如果没有支持 NVMe 的 M.2 接口，则该型号主板是不支持扩展的。

【Step3】CPU 的适应性。

目前主板支持的 CPU 有 Intel 公司和 AMD 公司，用户一定要清楚所选择的主板所支持的 CPU 情况。

【Step4】CPU 的接口和主板 CPU 接口一致。

一般根据主板的使用手册可以轻松确定，也可以通过网上自动选择。目前常见主板 CPU 接口见表 4-3。

表 4-3　目前常见主板 CPU 接口

品　牌	接　口	CPU
Intel	Intel Socket 2066	Intel® Core™ X 系列处理器
	Intel Socket 2011-3	Intel® Core™ i7 处理器
	Intel Socket 2011	支持新一代 Intel® Core™ i7 处理器
	Intel Socket 1155、1151、1150	Intel® Core™ i7 处理器 / Intel® Core™ i5 处理器 / Intel® Core™ i3 处理器 / Intel® Pentium® 处理器 / Intel® Celeron® 处理器
	Intel Socket 775	Intel®Core™ 2 Extreme 处理器 / Intel®Core™ 2 Quad 处理器 / Intel®Core™ 2 Duo 处理器 / Intel®Pentium® 双核心处理器 / Intel®Celeron® 处理器
	Intel CPU Onboard	内建 Intel® Quad-Core Celeron® N3150（1.6 GHz）系统单芯片（SoC）
AMD	AMD SocketTR4	支持 AMD Ryzen™ Threadripper™ 处理器
	AMD Socket AM4	支持锐龙 AMD Ryzen 处理器；支持 AMD 第七代 A 系列 / Athlon™ 处理器
	AMD Socket AM3+	支持 AMD AM3+ FX 处理器；支持 AMD AM3 Phenom™ II 处理器 / AMD Athlon™ II 处理器
	AMD Socket FM2+	支持 AMD A 系列处理器；支持 AMD Athlon™ 系列处理器

【Step5】考虑与机箱之间的匹配，主要是指主板的尺寸与机箱的适应情况。

【Step6】对内存的支持。一般根据主板手册可以确定。

【Step7】可扩充性的选择。

表 4-1 和表 4-2 中 PCI 插槽数量、ISA 插槽、USB 接口数量的选择，一般用户无须考虑可扩充性，而专业用户必须要考虑，以便于增加设备时的使用。

【Step8】兼容性。兼容性对于主板来说是另一重要特性。兼容性的判断可以遵循以下原则。

①了解主板的成熟情况，一般新出的主板必须谨慎考虑。

②查资料，了解芯片组是否有 BUG，一般通过驱动程序的安装可以鉴定。

【Step9】速度。主板的速度是一个综合因素，应该综合考虑，以 FSB 为中心，涉及 CPU、芯片组和各种接口速率的匹配。

3. 主板外部维护

【Step1】检查电源插头是否接好、计算机插头是否松脱、显示器的信号线是否松动。显示器的信号线很容易松脱，一般在检查时将信号线重新接一次。

【Step2】打开计算机电源。

【Step3】查看是否有 BIOS 界面，若没有 BIOS 界面可能是电源线或信号线没接。

【Step4】查看显示器的电源是否打开，这是最后确认计算机是否真正有问题的机会。

【Step5】检查机箱上的电源指示灯。如果所有应该打开的开关都打开了还是没有画面，请检查机箱上的电源指示灯，若没有亮，请考虑更换电源线或电源。

【Step6】如果是电源出现问题，关闭电源，打开机箱，更换新电源；如果电源指示灯是亮的，问题就可能出在主板上，需要打开机箱进行仔细检查。

【Step7】把主板上面除了电源插头和机箱扬声器插头以外的所有板卡和信号线都拔下来，为下一步检查做准备。

4. 更换主板电池

【Step1】关闭计算机，并从电源插座断开计算机电源。

【Step2】卸下机箱盖子。

【Step3】确定电池位置。

【Step4】拆下旧电池，如图 4-4 所示，箭头指向的地方有一个拆卸和固定簧片。

【Step5】安装新电池，如图 4-5 所示。

图 4-4　拆下旧电池　　　　　　　图 4-5　安装新电池

【Step6】安装计算机外盖，连接电源线。

【Step7】开启计算机。

二、CPU

CPU 是计算机的控制和运算核心。

1. 读懂 CPU 的标识（Intel）

【Step1】找到计算机的 CPU（处理器）标识。通过查看计算机的"系统"属性，如图 4-6 所示，可以看到处理器的信息。

系统 ─────────────────────────────────────

处理器：	Intel(R) Core(TM) i7-8550U CPU @ 1.80GHz 2.00 GHz
已安装的内存(RAM)：	8.00 GB
系统类型：	64 位操作系统，基于 x64 的处理器
笔和触控：	没有可用于此显示器的笔或触控输入

图 4-6 "系统"属性——处理器信息

【Step2】填写 CPU 的含义理解对照表（见表 4-4）。

表 4-4 CPU 的含义理解对照表

项 目	内 容	备 注
品牌	☑ RIntel □ AMD	
系列	酷睿系列（Core）i7	一般数字越大，CPU 越强大
辈分	8550U，第八代酷睿处理器	U 指的是低电压移动芯片
主频	1.8 GHz，最高为 2.0 GHz	

2. CPU 的选择

【Step1】明确使用需求和预算。根据不同的用途选择不同的 CPU，具体如表 4-5 所示。

表 4-5 选择 CPU 参考

需 求	预 算	选择标准
一般	一般	低档 CPU
一般	充足	中档和高档 CPU
中等	一般	中档 CPU
中等	充足	高档 CPU
较高	一般	中档 CPU
较高	充足	高档 CPU

【Step2】看主频。一般主频越高，CPU 的速度也越快。

【Step3】看核心数。一般核心越多越好，但是要考虑耗电量和发热量的问题，核心数越大发热量和耗电量也就越大。另外，要注意散热处理。

【Step4】注意与主板的匹配。

3. 鉴别 CPU（Intel CPU）

AMD 和 Intel CPU 的防伪措施各有不同，可以通过官网查询防伪措施。

AMD：https://support.amd.com/zh-cn/warranty/pib/authenticity。

Intel：https：//cbaa.intel.com/。

【Step1】如图 4-7 所示，核对处理器产品上的激光印制编号和产品标签上打印的是否一致。

图 4-7　核对处理器产品上的激光印制编号和产品标签上打印的一致

【Step2】如图 4-8 所示，产品零售序列号，需要核对三包卡上序列号和产品标签上打印的一致。

图 4-8　三包卡上序列号和产品标签上打印的一致

【Step3】如图 4-9 所示，产品序列号 /ULT#，不是所有处理器产品都有可读的序列号，部分产品只有四位数字或只有二维编码。

①　　　　　　　②　　　　　　　③

图 4-9　产品序列号 /ULT#

①—盒装处理器 ULT 号码的位置。这个号码有 13 个或 14 个字符；②—某些 Intel® 酷睿™ i7 处理器的 ULT 号码只有 4 个字符的位置；③—某些 Intel® 酷睿™ i7 处理器的 ULT 号码不在图中列示

【Step4】辨识产品。

第一步，如图 4-10 所示，看总代理标签。

神州数码　　　　联强国际　　　　英迈国际

图 4-10　总代理标签

第二步，如图 4-11 所示，看产品标签。手摸激光防伪标签和产品标签没有分层；零售盒装序列号打印在产品标签上，应与盒内保修卡的序列号一致；FPO 与处理器散热帽上激光刻制 FPO 一致。

第三步，如图 4-12 所示，看封口标签。新包装的封口标签仅在包装的一侧，标签为透明色，字体为白色，颜色深且清晰。

图 4-11　产品标签

图 4-12　封口标签

第四步，如图 4-13 所示，看散热风扇。查看风扇部件号，不同型号盒装处理器配有不同型号风扇，打开包装后，可以看到风扇的激光防伪标签。

第五步，如图 4-14 所示，看盒内保修卡。保修卡上的零售盒装序列号，确定与产品标签上的序列号一致；根据本地相关的商业规范，经销商应完整填写与保修卡相关的产品信息和购买信息。填写不完整或保修卡丢失，消费者有可能失去免费保修权利。

图 4-13　散热风扇标签

图 4-14　盒内保修卡

第六步，通过网站或短信验证。访问 Intel 产品验证网站（http://www.intel.com/cn/cbt/），填入零售产品序列号，网站将提供与之匹配的处理器产品序列号，请检查是否与用户购得的处理器产品序列号一致；用户也可以直接将零售产品序列号发送短信致 10657109088011（中国移动用户）、106550218888088011（新联通用户）或 1065902100007588011（电信用户）获取与之匹配的处理器产品序列号，请检查是否与用户的处理器产品序列号一致。

【Step5】运行英特尔（R）处理器标识实用程序，如图4-15所示。可以通过Intel官网下载并安装英特尔（R）处理器标识实用程序。测试结果显示：CPU的速度为1.80~3.54 GHz；系统总线为100 MHz；线程数为8；CPU为4核。

图4-15　运行英特尔（R）处理器标识实用程序——频率测试

三、内存

内存作为电脑三大配件之一，担负数据临时存取等任务。因此，用户在选购和使用内存时，应选择正规渠道和品牌质量保证的内存产品。

1. 查找计算机中安装内存大小的步骤

Windows 10/7：右击"此电脑/计算机"，单击"属性"，如图4-16所示，显示系统已安装内存为8.00 GB。

图4-16　系统安装内存查看

2. 笔记本内存安装

【Step1】准备工具、容器和开阔的工作台。准备的工具是螺丝刀，容器用于存放拆下的小螺钉。

【Step2】释放静电或佩戴防静电手环。

【Step3】关闭笔记本，切断电源并拆下电池。

【Step4】打开笔记本内存仓，如图 4-17 所示。

【Step5】拆下已经安装的内存，如图 4-18 所示，用指尖小心拨开内存模块插槽两端的固定夹，直至内存模块弹起；从内存模块插槽中卸下内存条。

图 4-17　打开笔记本内存仓

图 4-18　拆卸内存

【Step6】装上需要更换的笔记本内存，如图 4-19 所示，将内存模块上的槽口与内存模块插槽上的卡舌对齐；将内存模块以一定角度稳固地滑入插槽中；向下按压内存模块，直至其卡入到位（如果未听到"咔嗒"声，请卸下内存条块并重新安装）。

图 4-19　安装内存

【Step7】安装笔记本内存仓盖。

【Step8】装回笔记本电池，接通电源，开机测试。

3. 常见内存故障的解决

（1）开机时出现"嘀——"的连续有间隔的长音。

【Step1】分析原因。这是内存报警的声音，一般是内存松动，内存的金手指与内存插槽接触不良，内存的金手指氧化，以及内存的某个芯片有故障等原因。

【Step2】解决办法：重新插牢内存条，取下内存，重新安装在原位置或不同的位置；用毛刷或皮老虎清除灰尘或异物；取下内存，用橡皮用力擦拭金手指区域；若条形插座中簧片变形失效，则需要将内存条安装到另一组条形插座中或请专业人员修理主板上条形插座，然后重新安装；若安装内存条时插错，则需要将内存条取下然后正确安装内存条；若内存条损坏严重，则要更换内存条。

（2）Windows 系统中运行时出现黑屏、蓝屏、花屏等现象。

【Step1】分析原因。集成显卡占用内存较多，软件之间分配、占用内存冲突所造成的，一般表现为黑屏、花屏、死机。

【Step2】解决办法：退出 Windows 操作系统，重新启动；如果是集成显卡的，可通过

BIOS 设置将显存占用内存空间改小；如果出现经常性的类似现象，说明内存某些地址单元之间存在较严重的审扰和时序干扰，建议更换内存条。

（3）运行某些软件时经常出现内存不足的提示。

【Step1】分析原因。此现象一般是系统盘剩余空间不足造成的。

【Step2】解决办法：可以删除一些无用文件，多留一些空间即可，一般保持在 300 M 左右为宜。

（4）启动 Windows 时系统多次自动重新启动。

【Step1】分析原因。一般是内存条或电源质量有问题造成的，当然，系统重新启动还有可能是 CPU 散热不良或其他人为故障造成的。

【Step2】解决办法：用排除法一步一步排除。更换内存条、电源，观察电压是否稳定。

（5）Windows 运行速度明显变慢，系统出现许多有关内存出错的提示。

【Step1】分析原因。一般是由于在 Windows 下运行的应用程序非法访问内存、内存中驻留了很多不必要的插件、应用程序，或活动窗口打开太多、应用程序相关配置文件不合理等原因均可以使系统的速度变慢，更严重的甚至出现死机。

【Step2】解决办法：备份数据；清除一些非法插件；清除内存驻留程序；关闭一些活动窗口；如果在运行某一程序时出现速度明显变慢，可以通过卸载或重装应用程序解决；如果在运行任何应用软件或程序时都出现系统变慢的情况，建议重新安装操作系统。

4. 内存选择

【Step1】容量越大越好。根据自己的实际需求和预算选择合适的容量，如 4 G、8 G 等，如果使用 PS 软件建议选用 16 G。

【Step2】内存接口与主板接口的匹配。特别注意，不同的主板接口需求不一样，选择时应根据主板的内存接口考虑内存的接口对应。

【Step3】选择好的厂家。市场上常见的品牌有现代、三星、LG、NEC、东芝、西门子、TI（德州仪器）等。

【Step4】考虑售后服务。完善的售后服务让用户可以放心地使用产品。

第二节 网络设置

一、路由器

路由器是互联网络的枢纽，是将各种不同网络类型互相连接起来的一种计算机网络设备，如手机、计算机、iPad、打印机、相机上网都能互联互通就是路由器的作用。

1. 路由器的设置——以 TP-LINK 为例

【Step1】硬件连接。

在路由器普遍使用之前，电脑直接连接宽带上网，当使用路由器共用宽带上网时，则需要用路由器直接连接宽带。根据入户宽带线路的不同，可以分为电话线、网线、光纤三种接入方式，具体如何连接如图 4-20~图 4-22 所示。

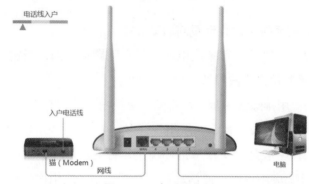

图 4-20　电话线连接

图 4-21　网线用户连接

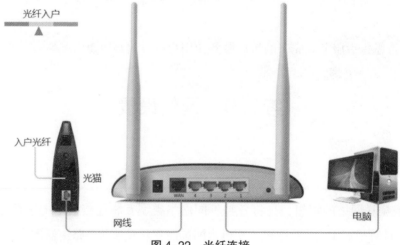

图 4-22　光纤连接

【注意】

　　宽带线一定要连接到路由器 WAN 口，一般 WAN 口颜色与 LAN 口颜色不同，计算机可以连接 1/2/3/4 任意一个端口。

【Step2】设置为自动获取 IP 地址。

Windows XP 系统有线网卡自动获取 IP 地址的详细设置步骤如下。

第一步：电脑桌面上找到"网上邻居"图标，右击并选择"属性"，如图 4-23 所示。

第二步：弹出"网络连接"对话框后，找到"本地连接"图标，右击并选择"属性"，如图 4-24 所示。

图 4-23　网上邻居"属性"

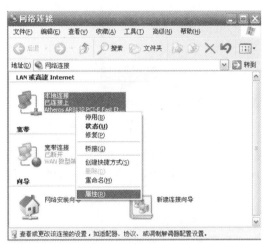

图 4-24　本地连接"属性"

第三步：出现"本地连接属性"对话框后，找到并单击"Internet 协议（TCP/IP）"，单击"属性"，如图 4-25 所示。

第四步：选择"自动获得 IP 地址（0）"和"自动获得 DNS 服务器地址（B）"，单击"确定"，如图 4-26 所示。

图 4-25　本地连接属性

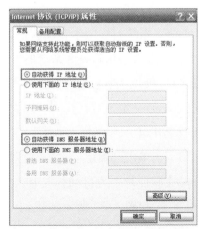

图 4-26　Internet 协议（TCP/IP）属性

Windows 7 系统有线网卡自动获取 IP 地址的步骤如下。

第一步：鼠标单击电脑桌面右下角小计算机图标，在弹出的对话框中单击"打开网络和共享中心"，如图 4-27 所示。

第二步：弹出"网络和共享中心"界面，单击"更改适配器设置"，如图 4-28 所示。

图 4-27　单击"打开网络和共享中心"　　图 4-28　更改适配器设置

第三步："本地连接"，右击并选择"属性"；如图 4-29 所示，单击"Internet 协议版本 4（TCP/IPv4）"，单击"属性"；如图 4-30 所示，依次选择"自动获得 IP 地址（0）"和"自动获得 DNS 服务器地址（B）"，单击"确定"，完成设置。

图 4-29　本地连接属性　　　　　　　图 4-30　设置自动获取

Windows 8 系统有线网卡自动获取 IP 地址的步骤如下。

第一步：进入 Windows 8 系统的经典桌面，在电脑桌面右下角找到网络图标，右击并选择"打开网络和共享中心"；弹出"网络和共享中心"的界面，单击"更改适配器设置"；打开"更改适配器设置"后，找到"以太网"，右击并选择"属性"；找到并单击"Internet 协议版本 4（TCP/IPv4）"，单击"属性"；选择"自动获得 IP 地址（0）"和"自动获得 DNS 服务器地址（B）"，单击"确定"，完成设置。

【Step3】验证是否为自动获取 IP 地址。

如图 4-31 和图 4-32 所示，找到"本地连接"，右击并选择"状态"，选择"支持"，确认地址类型为"通过 DHCP 指派"，单击"详细信息"。如图 4-33 所示，从详细信息列表中可看到电脑自动获取到的 IP 地址、默认网关、DNS 服务器等参数，表明电脑自动获取 IP 地址成功。

图 4-31　本地连接"状态"

图 4-32　本地连接"状态"—"支持"

图 4-33　网络连接详细信息

连接好无线路由器后，在浏览器输入路由器上的地址，一般为 192.168.1.1（如果用户是用电话线上网那就要多准备一个调制调解器，俗称"猫"）。

【Step4】登录管理界面。

①输入路由器管理地址。打开 IE 浏览器，清空地址栏并输入路由器管理 IP 地址（192.168.1.1 或 tplogin.cn），如图 4-34 所示，按"Enter"键弹出登录框。

图 4-34　路由器管理 IP 地址

【注意】

部分路由器使用 tplogin.cn 登录，路由器的具体管理地址建议在壳体背面的标贴上查看。

②登录管理界面。初次进入路由器管理界面，为了保障用户的设备安全，需要设置管理路由器的密码，应根据界面提示进行设置，如图 4-35 所示。

【注意】

部分路由器需要输入管理用户名、密码,均输入 admin 即可。

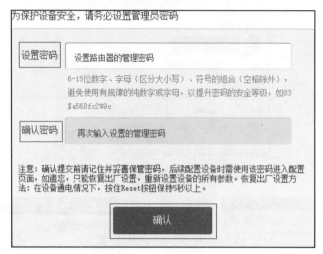

图 4-35　设置管理员密码

【Step5】设置路由器。

进入后会看到输入相应的账号和密码,一般新的路由器都是 admin。

2. 路由器接口指示灯不亮的解决

【Step1】观察指示灯的位置,如图 4-36 所示。

【注意】

部分路由器的指示灯在网线接口左上角。

【Step2】排查连接对应接口的网线接口是否松动。

【Step3】对更换连接对应接口的网线进行测试。

【Step4】更换其他接口,测试是否正常。

【Step5】使用其他电脑(网络设备)连接该接口,测试是否正常。

【Step6】使用网线将 LAN 口与 WAN 口直接相连,测试指示灯是否正常,如图 4-37 所示。

图 4-36　指示灯位置图

图 4-37　LAN 口与 WAN 口直接相连

如果通过以上测试，对应接口指示灯依旧不正常，则可以判断为接口硬件问题。

3. 输入管理地址后，无法登录管理界面的解决

在浏览器地址栏输入路由器的管理地址后无法显示管理页面，或者输入管理密码后无法显示页面，如图 4-38 所示，解决这一问题的步骤如下。

图 4-38　无法登录管理界面

【Step1】检查连接。

①检查物理连接（通过网线连接）是否正常，如图 4-39 所示，确保路由器对应接口的指示灯亮起。

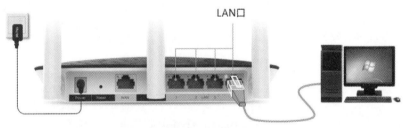

图 4-39　检查物理连接

②检查无线连接（建议选择）是否正常。无线终端需要连接上路由器的无线信号。出厂设置时，路由器默认信号为 TP-LINK_××××，没有加密。如果已修改过无线信号，连接修改后的信号即可。

【注意】

　如果搜索不到无线路由器的信号，建议复位路由器。

【Step2】检查 IP 地址是否设置为自动获取。

【Step3】检查登录路由器地址。不同路由器的管理地址可能不同，一般可以通过查看说明书或路由器壳体底部的标贴获取，如图 4-40 所示，然后打开浏览器，清空地址栏并输入对应管理地址，如图 4-41 所示。

图 4-40 路由器壳体底部的标贴

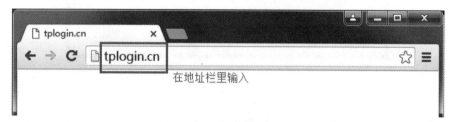

图 4-41 输入管理地址

【注意】

字母均为小写，输入的点切勿输入成句号。

【Step4】检查登录密码。注意用户名和密码输入正确。

【注意】

如果忘记了设置或修改后的管理密码，请将路由器恢复出厂设置。

【Step5】更换浏览器尝试。可以尝试更换搜狗、360 浏览器、QQ 浏览器等尝试登录。

【Step6】尝试用手机登录，如图 4-42 所示。

【Step7】复位路由器，如图 4-43 所示，无线路由器复位键有两种类型，即 Reset 按钮和 Reset 小孔。复位方法如下：通电状态下，使用回形针、笔尖等尖状物按住 Reset 按钮 5~8s，当系统状态指示灯快闪 5 次后，再松开 Reset 按钮。

图 4-42 手机登录

【注意】

部分无线路由器的 QSS 与 Reset 共用一个按钮。

Reset按钮　　　　　　　　Reset小孔

图 4-43　复位路由器

二、网卡

网卡是计算机进入网络的设备之一，十分重要。

1. 用 DOS 命令查看网卡 MAC 地址

【Step1】打开 DOS 命令窗口。

①如图 4-44 所示，快捷方式"WIN+R"打开"运行"窗口，在对话框内输入"CMD"。WIN 为键盘上和开始键相同图标的按键。

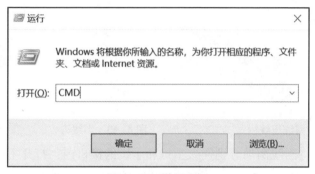

图 4-44　运行窗口

②单击"开始"菜单，在"搜索程序和文件"输入框，输入"CMD"（找到进入 DOS 命令的 CMD 程序），然后按"Enter"键。

【Step2】在 DOS 命令窗口输入命令 ipconfig/all，按"Enter"键，如图 4-45 所示。网卡的物理地址信息，如图 4-46 所示。

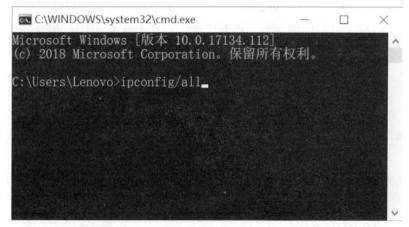

图 4-45　命令窗口

```
C:\WINDOWS\system32\cmd.exe                                    —    □    ×
    连接特定的 DNS 后缀 . . . . . . :
    描述. . . . . . . . . . . . . . : Qualcomm Atheros QCA9377 Wireless Network Adapte
r #2
    物理地址. . . . . . . . . . . . : E8-2A-44-DB-D8-FB
    DHCP 已启用 . . . . . . . . . . : 是
    自动配置已启用 . . . . . . . . : 是
    本地链接 IPv6 地址. . . . . . . : fe80::4d1c:f1da:4d48:e353%7(首选)
    IPv4 地址 . . . . . . . . . . . : 192.168.1.104(首选)
    子网掩码  . . . . . . . . . . . : 255.255.255.0
    获得租约的时间  . . . . . . . . : 2018年7月7日 4:43:33
    租约过期的时间  . . . . . . . . : 2018年7月7日 8:29:29
    默认网关. . . . . . . . . . . . : 192.168.1.1
    DHCP 服务器 . . . . . . . . . . : 192.168.1.1
    DHCPv6 IAID . . . . . . . . . . : 300427844
    DHCPv6 客户端 DUID  . . . . . . : 00-01-00-01-22-B9-40-F9-E8-2A-44-DB-D8-FB
```

图 4-46　网卡的物理地址信息

2. 制作联网双绞线

【Step1】认识双绞线制作和测试工具。网线压线钳，如图 4-47 所示，剥线刀，如图 4-48 所示，测试仪，如图 4-49 所示。

图 4-47　网线压线钳　　　　　　图 4-48　剥线刀　　　　　图 4-49　测试仪

测线器的使用：将网线两端分别插入主机和子机的接口内，打开主机的电源开关，观察指示灯；如果线路两端的测线器的 LED 同时发光，则说明线路正常；如果有一段测线器不亮，则说明线路没有打好，使用者将很快了解是线路的哪一端出了问题。

【Step2】认识 RJ45 水晶头。RJ45 水晶头外观如图 4-50 所示，水晶头从右至左依次为 8 个电口引脚定义，分别为数据发送正端（TX+）、数据发送负端（TX-）、数据接收正端（RX+）、未用、未用、数据接收负端（RX-）、未用、未用。

【Step3】认识双绞线。网线针对水晶头设计，4 对双绞线分别对应水晶头的 8 个接线端，颜色分别为绿、白绿、橙、白橙、蓝、白蓝、棕、白棕，成对出现，相互缠绕，如图 4-51 所示。

图 4-50　RJ45 水晶头　　　　　　　　　图 4-51　双绞线

【Step4】了解做线标准。最常使用的布线标准有两个，即 T568A 标准和 T568B 标准。T568A/568B 如图 4-52 所示。

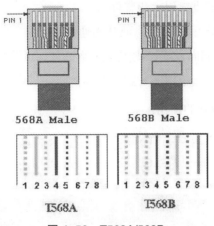

图 4-52　T568A/568B

T568A 标准描述的线序从左到右依次为 1—白绿、2—绿、3—白橙、4—蓝、5—白蓝、6—橙、7—白棕、8—棕。

T568B 标准描述的线序从左到右依次为 1—白橙、2—橙、3—白绿、4—蓝、5—白蓝、6—绿、7—白棕、8—棕。

在网络施工中，建议使用 T568B 标准。当然，对于一般的布线系统工程，T568A 也同样适用。网线两头一般保证标准一致。

【Step5】做线。

①剪断。利用剥线刀剪取适当长度的网线。

②剥线。旋转剥线刀，剥开线皮，剥线尺寸为 1.5 cm 左右。

③理线。理线就是把剥好的双绞线的 8 根线芯按照 EIA/TIA568B 规格左起：白橙—橙—白绿—蓝—白蓝—绿—白棕—棕，将 8 根细导线一一拆开、理顺、捋直，然后按照规定的线序排列整齐。

④剪齐。长度为 1.2 cm 左右，把线尽量抻直（不要缠绕），压平（不要重叠），挤紧理顺（朝一个方向紧靠），用压线钳把线头剪平齐。

⑤插入。一手以拇指和中指捏住水晶头，使有塑料弹片的一侧向下，针脚一方朝向远离自己的方向，并用食指抵住；另一手捏住双绞线外面的胶皮，缓缓用力将 8 根导线同时沿 RJ45 头内的 8 个线槽插入，一直插到线槽的顶端；水晶头接头处，双绞线的外保护层需要插入水晶头 5 mm 以上，而不能在接头外。

这样做的目的是当双绞线受到外界的拉力时受力的是整个电缆，否则受力的是双绞线内部线芯和接头连接的金属部分，容易造成脱落。

⑥压线。压线就是把排列并剪好的双绞线压入水晶头的过程。

确认所有导线都到位，并仔细对水晶头检查一遍线序无误；将 RJ45 头从无牙的一侧推入压线钳夹槽后，用力握紧线钳，将突出在外面的针脚全部压入水晶头内。

制作双绞线的另一头只需重复以上步骤即可。

⑦测试。双绞线制作完成后，为了验证其连通性的好坏，需要使用测线器进行测试。如果线路两端的测线器的 LED 同时发光，则说明线路正常；如果有一端测线器的 LED 不亮，则说明线路没有打好，使用者可以很快了解到是线路的哪一端存在问题。

3. 检测网络故障命令 Ping 的使用

【Step1】验证 TCP/IP 协议是否正确加载。

如图 4–53 所示，输入：Ping 127.0.0.1。其中，127.0.0.1 称为回送地址。

```
C:\WINDOWS\system32\cmd.exe

C:\>ping 127.0.0.1

Pinging 127.0.0.1 with 32 bytes of data:

Reply from 127.0.0.1: bytes=32 time<1ms TTL=128
Reply from 127.0.0.1: bytes=32 time<1ms TTL=128
Reply from 127.0.0.1: bytes=32 time<1ms TTL=128
Reply from 127.0.0.1: bytes=32 time<1ms TTL=128

Ping statistics for 127.0.0.1:
    Packets: Sent = 4, Received = 4, Lost = 0 (0% loss),
Approximate round trip times in milli-seconds:
    Minimum = 0ms, Maximum = 0ms, Average = 0ms

C:\>_
```

图 4–53　验证 TCP/IP 协议是否正确加载

【Step2】验证本机 IP 地址是否正确设置。

格式：Ping 本机 IP 地址。

在命令提示符下输入命令：Ping 169.254.17.22，如图 4–54 所示，验证本机 IP 地址是否正确设置。其中，169.254.17.22 是本机 IP 地址。

验证结果：本机 IP 地址设置正确。

```
C:\WINDOWS\system32\cmd.exe

C:\>ping 169.254.17.22

Pinging 169.254.17.22 with 32 bytes of data:

Reply from 169.254.17.22: bytes=32 time<1ms TTL=128
Reply from 169.254.17.22: bytes=32 time<1ms TTL=128
Reply from 169.254.17.22: bytes=32 time<1ms TTL=128
Reply from 169.254.17.22: bytes=32 time<1ms TTL=128

Ping statistics for 169.254.17.22:
    Packets: Sent = 4, Received = 4, Lost = 0 (0% loss),
Approximate round trip times in milli-seconds:
    Minimum = 0ms, Maximum = 0ms, Average = 0ms

C:\>
```

图 4–54　验证本机 IP 地址是否正确设置

【Step3】验证网关工作是否正常。

格式：Ping 网关。

在命令提示符下输入命令：Ping 61.55.43.170，如图 4–55 所示，验证默认网关的 IP 地址是否正确添加。其中，61.55.43.170 是网关。

C:\WINDOWS\system32\cmd.exe
C:\>ping 61.55.43.170
Pinging 61.55.43.170 with 32 bytes of data:
Reply from 61.55.43.170: bytes=32 time<1ms TTL=128
Reply from 61.55.43.170: bytes=32 time<1ms TTL=128
Reply from 61.55.43.170: bytes=32 time<1ms TTL=128
Reply from 61.55.43.170: bytes=32 time<1ms TTL=128
Ping statistics for 61.55.43.170:
Packets: Sent = 4, Received = 4, Lost = 0 (0% loss),
Approximate round trip times in milli-seconds:
Minimum = 0ms, Maximum = 0ms, Average = 0ms
C:\>

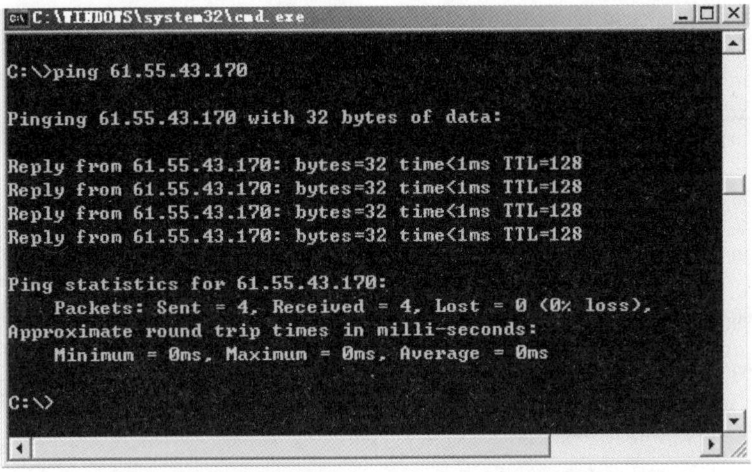

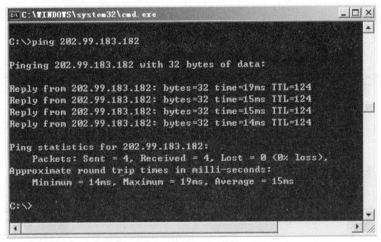

图 4–55　验证默认网关的 IP 地址是否正确添加

【Step4】验证非本地网络的连通是否正常。

格式：Ping 其他网络的 IP 地址。

在命令提示符下输入命令：Ping 202.99.183.182，如图 4–56 所示，验证其他网络的 IP 地址。其中，202.99.183.182 是其他网络的 IP 地址。

C:\WINDOWS\system32\cmd.exe
C:\>ping 202.99.183.182
Pinging 202.99.183.182 with 32 bytes of data:
Reply from 202.99.183.182: bytes=32 time=19ms TTL=124
Reply from 202.99.183.182: bytes=32 time=15ms TTL=124
Reply from 202.99.183.182: bytes=32 time=15ms TTL=124
Reply from 202.99.183.182: bytes=32 time=14ms TTL=124
Ping statistics for 202.99.183.182:
Packets: Sent = 4, Received = 4, Lost = 0 (0% loss),
Approximate round trip times in milli-seconds:
Minimum = 14ms, Maximum = 19ms, Average = 15ms
C:\>

图 4–56　验证其他网络的 IP 地址

【注意】

验证顺序一定要正确，由此可以确定网络的故障点。

第三节　存储设备

一、硬盘

硬盘是影响计算机速度最主要的配件，建议使用固态硬盘，当存储信息较多时，建议采用"机械＋固态"的模式，机械硬盘与固态硬盘传输速度的比较，如图 4-57 所示。

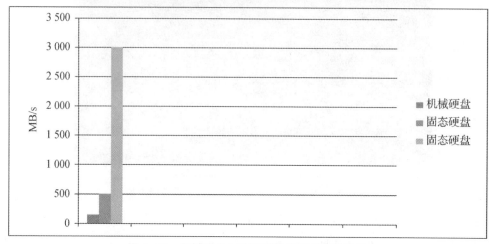

图 4-57　机械硬盘与固态硬盘传输速度的比较

机械硬盘是电脑中脆弱的核心存储部件之一，从 1956 年第一块硬盘问世至今，硬盘容量从 5 MB 发展到现在的上百 GB，目前又增加了固态硬盘，其续写速度发生了很大变化。

1. 认识硬盘

【Step1】认识机械硬盘外观，如图 4-58 所示。

图 4-58　机械硬盘（西部数据、希捷）

【Step2】认识固态硬盘外观，如图 4-59 所示。

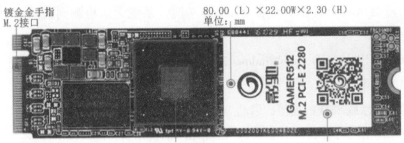

镀金金手指
M.2接口

80.00（L）×22.00W×2.30（H）
单位：mm

Phison 主控

原厂高速Flash

图 4-59　影驰固态硬盘

2. 硬盘选择

【Step1】考虑硬盘类型。

【Step2】考虑容量。一般容量为 500 GB、1 TB、2 TB、4 TB、8 TB 等，目前多选择 4 TB。

【Step3】考虑速度。机械类硬盘速度一般在 5 400 r/min、7 200 r/min 转中选择，其中服务器一般选择 10 000 转的；固态硬盘传输速率一般以 GB 为单位，如 6 Gb/s。

【Step4】考虑品牌。常见的品牌硬盘见表 4-6。

表 4-6　常见的品牌硬盘

品　　牌	标　　志	网　　址
希捷硬盘	Seagate	http：//www.seagate.com
Maxtor（迈拓）	Maxtor	http：//www.maxtor.com
西部数据	Western Digital	http：//www.wdc.com

【Step5】考虑服务。硬盘的服务十分重要，因为其维修困难，购买时必须说明保修时间与包换时间，以便减少使用的后顾之忧。

3. 固态硬盘常见指标认识

固态硬盘常见指标如图 4-60 所示。

● 产品型号：S310 M.2 2242
● 接口标准：标准M.2接口，M.2 2242，理论传输速率为6Gb/S
● 标准容量：64/128/256 GB
● 尺寸：22*42 mm
● 性能：
　○ 连续读速度（up to）：490MB/S
　○ 连续写速度（up to）：260MB/S
　○ 4KB随机读速度（up to）：200MB/s
　○ 4KB随机写速度（up to）：230MB/S
● 可靠性与稳定性：
　○ TRIM：支持
　○ S.M.A.R.T：支持
● 环境：
　○ 工作温度：0-70度
　○ 保修年限：3年

1495094178721248.png

图 4-60　固态硬盘常见指标

101

4. 常见问题

（1）当用户尝试从安装盘中安装 Windows 7 时，系统无法检测到新的 SSD。但可以在 BIOS 中看到该固态硬盘。

如果 BIOS 能识别该 SSD，但 Windows 7 安装程序无法检测到该设备。

请执行如下步骤。

断开与其他硬盘或 SSD 的连接；启动 Windows 7 安装盘；选择修复、高级、命令提示符；键入"diskpart"；用户将看到一个显示为"diskpart"的提示符；键入以下命令，然后在每一条命令之后按下"Enter"键。

Diskpart > Select Disk 0

Diskpart > Clean

Diskpart > Create Partition Primary Align=1024

Diskpart > Format Quick FS=NTFS

Diskpart > List Partition

Diskpart > Active

Diskpart > Exit

随后使用 Windows 7 安装盘重新启动计算机。

（2）当用户连接固态硬盘作为辅助硬盘时，可以看到新硬件，但是无法将其作为可用硬盘。

打开控制面板，再打开管理工具，然后打开计算机管理。单击"磁盘管理"，查看窗口的右侧窗格中是否有固态硬盘。如果有，在标记为磁盘1、磁盘2等的位置上右击并选择"初始化磁盘"（在访问"磁盘管理"时，这可能会自动弹出）。

在 Windows XP 中，在其右侧区域右击并选择"新建分区"，然后在分区向导中选择"主分区"，继续使用向导选择大小、驱动器号并格式化分区。

在 Windows Vista 和 Windows 7 中，在磁盘标签右侧区域右击并选择"新建简单卷"，继续使用向导选择大小、驱动器号并格式化分区。

在 MacOS 中，将会出现"磁盘插入"窗口。单击"初始化"按钮，转到"磁盘工具"。从窗口左侧的驱动器列表中选择金士顿固态硬盘。从可用的操作中，选择"分区"。对于"宗卷方案"，请选择"1 个分区"。对于格式，永久驱动器请选择"MacOS 扩展"；外置驱动器请选择 ExFAT（在 MacOS 10.6.6 及以上版本中可用）。然后单击"应用"，这时会出现一个警告窗口，说明用户将擦除硬盘上的所有数据，最后单击底部的"分区"按钮。

5. 辨别硬盘容量为何"缩水"

在购买硬盘之后，细心的人会发现，在操作系统中硬盘的容量与官方标称的容量不符，都要少于标称容量，容量越大则这个差异越大。这并不是厂商或经销商以次充好欺骗消费者，而是硬盘厂商对容量的计算方法和操作系统的计算方法有所不同，以及不同的单位转换关系造成的。

众所周知，在计算机中是采用二进制的，这样在操作系统中对容量的计算是以每 1 024 为一进制的，每 1 024 Byte 为 1 KB，每 1 024 KB 为 1 MB，每 1 024 MB 为 1 GB；而硬盘厂商在计算容量方面是以每 1 000 为一进制的，每 1 000 字节为 1 KB，每 1 000 KB 为 1 MB，每 1 000 MB 为 1 GB，二者进制上的差异造成了硬盘容量"缩水"。下面以 120 GB 的硬盘为例进行说明。

厂商容量的计算方法如下：120 GB=120 000 MB=120 000 000 KB=120 000 000 000 字节。

换算成操作系统的计算方法如下：120 000 000 000 Byte/1 024=117 187 500 KB/1 024=114 440.917 968 75 MB/1 024=14 GB；

同时，在操作系统中，硬盘还必须分区和格式化，这样系统还会在硬盘上占用一些空间，提供给系统文件使用，因此在操作系统中显示的硬盘容量和标称容量会存在差异。

二、移动存储

U 盘，全称为 USB 闪存盘，英文名为"USB flash disk"，如图 4-61 所示。它是一种使用 USB 接口的无须物理驱动器的微型高容量移动存储产品，通过 USB 接口与电脑连接，实现即插即用，是移动存储设备之一。

图 4-61　U 盘

1. U 盘的使用

【Step1】连接计算机设备。U 盘连接设备时一般是不需要驱动的（早期的 Windows 98 系统需要安装驱动）。

在一台电脑上第一次使用 U 盘（把 U 盘插到 USB 接口时）系统会发出一声提示音，然后报告"发现新硬件"。稍候，会提示"新硬件已经安装并可以使用了"。（有时可能还需要重新启动）这时打开"我的电脑"，可以看到多出一个硬盘图标，名称一般是 U 盘的品牌名，如金士顿，名称就为 KINGSTON。U 盘连接成功标志，如图 4-62 所示。

图 4-62　U 盘连接成功标志

【Step2】使用完毕前。要关闭所有关于 U 盘的窗口，拔下 U 盘前，要双击右下角的安全删除 USB 硬件设备图标，打开如图 4-63 所示的对话框，再选择"停止"，然后，左键单击"确定"。当右下角出现提示"USB 设备现在可安全地从系统移除了"的提示后，才能将 U 盘从机箱上拔下，或者直接单击图标，单击"安全移除 USB 设备"，然后等出现提示后即可将 U 盘从机箱上拔下。

图 4-63　安全弹出 USB 设备

【Step3】制作自启动 U 盘。电脑没有光驱但要装系统、电脑硬件有损坏、检测硬盘坏道和检测内存等，这些都可以用 U 盘启动解决。

①确定计算机的主板和 U 盘本身是否支持，对于主板支持 U 盘启动，一般 815 以上的主板均支持，可以从 BIOS 中进行设置。

【注意】

检测是否支持 U 盘驱动的步骤：开机前插入 U 盘，开机时按下"F0"键（或"F2"键），出现开机启动设备选择，选择"USB+HDD"。

②利用网络上提供的自启动工具直接制作即可，如大白菜。

【Step4】无法停止"通用卷"设备解决办法。

这种情况下不可强行拔下 U 盘。如果强行拔除，很容易损坏 U 盘数据。如果 U 盘上有重要的资料，很有可能就此毁坏。其解决方法如下。

①清空剪切板，或者在硬盘上随便进行一次复制某文件再粘贴的操作，此时再删除 U 盘提示符，即可顺利删除。

②结束进程。结束"rundll32.exe"进程：同时按下"Ctrl+Alt+Del"组合键，出现"任务管理器"的窗口，单击"进程"，寻找"rundll32.exe"进程，选择"rundll32.exe"进程，然后单击"结束进程"，这时会弹出任务管理器警告，询问确定是否关闭此进程，单击"是"，即关闭"rundll32.exe"进程，然后删除 U 盘即可。使用这种方法时请注意：如果有多个"rundll32.exe"进程，需要将多个"rundll32.exe"进程全部关闭。

结束"explorer.exe"进程：同时按下"Ctrl+Alt+Del"组合键，出现"任务管理器"的窗口，单击"进程"，寻找"explorer.exe"进程并结束它，在任务管理器中单击"文件"—"新建任务"—输入"explorer.exe"—"确定"。删除 U 盘，即可安全删除。

③重启计算机。

2. U 盘的维护

【Step1】经常备份数据。U 盘设备并非绝对可靠，它们也可能会由于上述因素而导致数据损坏。因此，必须在多种介质上备份重要信息，或者将数据打印在纸上以供长期存储，这一点非常重要。请勿将重要数据只存储在闪存设备上。

【Step2】不要装在通过安检的包裹中。CompactFlash 协会指出，机场的 X 光扫描仪不会损坏 CompactFlash 卡，但美国邮政服务的辐射性扫描可能会损坏它们。由于 CompactFlash 协会发出了关于美国邮政服务对邮件进行辐射性扫描可能会损坏闪存设备的警告，因此最好使用联邦快递、UPS 或其他私营承运商等商业服务代替美国邮政服务寄送闪存设备。

尽可能将闪存设备包装好放到随身携带的行李中。世界各地使用的闪存设备数以千万计，但一直以来都未曾有过关于因机场的 X 光扫描仪导致闪存设备损坏的可核查报告。

2004 年，由国际影像产业协会（I3A）发起的一项研究表明，目前机场的 X 光设备并不会损坏闪存卡。

作为预防措施，金士顿建议像对待未处理的胶卷一样对待闪存卡和 DataTraveler 闪存盘，将其存放在随身携带的行李中，因为旅客接受安检时的辐射水平远低于新的行李扫描设备的辐射水平。

3. 关闭移动磁盘自动播放功能

（1）"Shift"按键法。这个方法早在 Windows 98 就已经应用，最早在关闭自动播放 CD 时使用的就是这种方法。插入移动硬盘时按住"Shift"键，移动硬盘就不会自动播放。

（2）策略组关闭法。在"熊猫烧香"流行的时候，网上就流传着使用策略组关闭移动硬盘或者 U 盘自动关闭功能的方法。具体如下：单击"开始—运行"，在"打开"框中，键入"gpedit.msc"，单击"确定"按钮，打开"组策略"窗口。在左窗格的"本地计算机策略"下，展开"计算机配置—管理模板—系统"，然后在右窗格的"设置"标题下，双击"关闭自动播放"。单击"设置"选项卡，选中"已启用"复选钮，然后在"关闭自动播放"框中单击"所有驱动器"，单击"确定"按钮，最后关闭组策略窗口。

（3）关闭服务法。在"我的电脑"右击，选择"管理"，在打开的"计算机管理"中找到"服务和应用程序—服务"，然后在右窗格找到"Shell Hardware Detection"服务，这个服务的功能就是为自动播放硬件事件提供通知，然后双击，在"状态"中单击"停止"按钮，将"启动类型"修改为"已禁用"或者"手动"即可。

（4）磁盘操作法。这个方法对 Windows XP 比较有效。打开"我的电脑"，在"硬盘"或者"有可移动的存储设备"下面会看到用户的盘符，一般移动硬盘的盘符会在"硬盘"中，U 盘或者数码相机在"有可移动的存储设备"中。鼠标右击需要关闭自动播放功能的盘符，选择"属性"，在弹出的窗口中选择"自动播放"选项卡，在这里用户可以针对"音乐文件""图片""视频文件""混合内容""音乐 CD"五类内容设置不同的操作方式，均选用"不执行操作"即可禁用自动运行功能，单击"确定"后设置立即生效。此方法同样适用于 DVD/CD 驱动器。

三、光驱与光盘

向光盘读取或写入数据的机器称为光驱。

1. 光驱的日常维护与基本方法

（1）光驱的日常维护。

①光盘的选择。在选用光盘时，应尽量挑盘面光洁度好、无划痕的盘，并且对盘的厚度也需要加以注意。质量好的盘通常会稍厚一些；而质量差的盘则比较薄，使光驱夹紧机构运转很吃力。质量不好的光盘，如盘片变形、表面严重划伤、污染及盗版光盘等，在光驱内进行读取时，光学拾取头的物镜将不断上下跳动和左右摆动，以保证激光束在高低不平和左右偏摆的信息轨迹上实现正确聚集和寻道，加重了系统的负担，加快了机械磨损。同时，为了减少光驱的磨损，延长光驱的使用寿命，不要经常用光驱长时间播放 VCD 影碟，因为这会增加电机与激光头的工作时间，从而缩短光驱的使用寿命。另外，在关机时，如果劣质光盘留在离激光头很近的地方，当电机转起来后很容易划伤光头。

②光驱的入盒和出盒。尽量将光盘放在光驱托架中，有一些光驱托盘很浅，若光盘未放好就进盒，易造成光驱门机械错齿卡死。同时，进盘时不要用手推光驱门，应使用面板上的进出盒键，以免入盘时齿轮错位。

在不使用光驱时，应尽量取出光盘，因为若光驱中有光盘，主轴电机就会不停地旋转，光头不停地寻迹、对焦，这样会加快其机械磨损，使光电管老化。

不要在光驱读盘时强行退盘，因为这时主轴电机还在高速转动，而激光头组件还未复位。一方面会划伤光盘；另一方面还会打花激光头聚焦透镜并造成透镜移位。因此，应待光驱灯熄灭后再按出盒键退盘。

③保证光驱的通风良好。高倍速光驱的转速极快，几乎赶超了硬盘，所带来的最大弊端就是发热量极大。目前，市场上大部分的 CD-ROM 以塑料为机芯，高热量是降低其寿命的重要因素，因为塑料的耐热能力较差，长期使用自然会出现问题造成读盘不顺利。但光驱的机芯又很难像显卡或 CPU 那样依靠散热片和风扇来散热。因此，要把光驱放在一个通风良好的地方，以保持它具有良好的散热性，以便保证光驱能够稳定运行。

另外，日常维护还有其他很多方面，一定要养成良好的使用习惯和掌握保养方法，才能让光驱的寿命最大化。对于一些经常使用的光盘，如果是硬盘比较空闲的用户，最好把它制作成虚拟光驱文件。同时，要养成定期清洁激光头的习惯。

（2）光驱故障维修的基本操作方法。光驱的硬件故障主要集中在激光头组件上，一般可分为两种情况：一种是使用太久造成激光管老化；另一种是光电管表面太脏或激光管透镜太脏和位移变形。因此，在对激光管功率进行调整时，还需要对光电管和激光管透镜进行清洗。

①光电管及聚焦透镜的清洗。拔掉连接激光头组件的一组扁平电缆，记住方向，拆开激

光头组件。这时能看到护套罩着激光头聚焦透镜，去掉护套后会发现聚焦透镜由四根细铜丝连接到聚焦、寻迹线圈上，光电管组件安装在透镜正下方的小孔中。用细铁丝包上棉花蘸少量蒸馏水擦拭（不可用酒精擦拭光电管和聚焦透镜表面），并观察透镜是否水平悬空正对激光管，否则需要进行适当调整。至此，清洗工作完毕。

②调整激光头功率。在激光头组件的侧面有一个像十字螺钉的小电位器，用色笔记下其初始位置，一般先顺时针旋转 5°~10°，装上试机，若不行再逆时针旋转 5°~10°，直到能顺利读盘。注意切不可旋转太多，以免功率太大而烧毁光电管。

2. 光驱的常见故障

光驱的平均无故障时间为 2 500 h 左右，正常的使用寿命一般为 2 年左右，当然这要看光驱的实际使用时间。时间久了，光驱常会出现不读盘的故障，一般均显示"驱动器 X 没有光盘，插入光盘再试"或"CDR101：NOT READY READING DRIVE X ABORT，RETRY，FAIL？"。光驱由机械部件、电子部件和光学部件三类部件组成，在使用、维护时较普通软盘驱动器、硬盘复杂，且故障率较高，故障的分析、定位也较复杂。对光驱进行排查故障的一般过程如下：首先，检查和排除与光驱相连的各信号线、电源线等；其次，排除上述"其他故障"中的各个方面；再次，检查系统配置和参数设置情况，以及光学部件、机械部件因素；最后，检查电子部件故障。

光驱的故障按故障源一般有接口故障、系统配置故障、光学部件故障、机械部件故障、电子部件故障和其他故障六大类。

（1）接口故障。故障主要原因包括以下几点：光驱的接口与主板接口不匹配（出现"CDR-103"错误提示），在增加或减少新硬件时，造成光驱的信号线（包括与其他多媒体部件的连接线）、电源线、跳线等之间的松动，以及错误连接或断线等。这类故障的具体现象有"不认"光驱、"读写"错误、主机死机等。

（2）系统配置故障。故障的主要原因包括以下几点：系统增加了新硬件后 I/O、DMA 和 IRQ 有冲突；CMOS 中有关 CD-ROM 的设置不当；与硬盘的主从关系设置有误；等等。具体现象有光驱不工作、光驱灯亮一段时间后死机、"读写"错误、不出现盘符或误报多个盘符等。

故障现象：一台电脑加装一个 6 倍速的光驱，与 1.2 GB 的硬盘共用 Primary IDE 接口，使用一段时间后，按主板说明将光驱接到 Secondary IDE 接口上后光驱不能工作。

【解决方法】由于光驱接在 Primary IDE 口时工作正常，故可以排除光驱自身的问题，考虑到 CMOS BIOS 在改变插口后未设置，因此 BIOS 的设置对光驱可能有影响，开机进入 BIOS 设置，发现其中的 IDE Drive1 项设为"None"，于是将 IDE Drive1 项改为缺省值"AUTO"后，再开机，光驱能够正常工作。

（3）光学部件故障。故障的主要原因包括以下几点：激光二极管和光电接收二极管老化、失效；光头聚焦性能变差，激光不能正常聚焦到光盘上；信号接收单元不能正常接收信号；激光头表面和聚焦镜表面积尘太多，激光强度减弱；等等。具体现象是放入光盘后无反应、读取光盘上数据困难、读取时间变长、"死机"、"读写"错误、"不认"光盘、"挑盘"、提示"CDR-101"或"CDR-103"错误信息等。

CD-ROM 光头使用寿命一般为 2 000~3 000 h。随着使用时间的增长，光头功率逐渐下降，通过调整光头调节器以增大光头功率的方法，可改善其读盘能力，但这会加速光头的老化，减少光头的使用寿命。

故障现象：一台高仕达 16 倍速光驱，使用了半年后，发现原来一直能够正常使用的光盘绝大部分读不出来，并显示"CDR-101"错误。如果反复按"R"键再试，则可读出一些信息。

【解决方法】为了定位故障所在，先在光驱内放一张 CD 盘，发现能将整盘从头到尾播放完。由此排除了光驱的寻道和步进电机等机械部分、电子部件的故障，判定很有可能是激光头故障，导致不能正确读出光盘上的信号。将光驱拆开，使激光头露出来，用干净的丝绸缠在小木棍上，蘸上少许无水酒精轻轻擦拭激光头表面，然后置于干净环境中晾干，再把各部件按序装好，装回计算机，开机测试，发现光盘工作正常，故障消失。这是一种典型的光学部件故障。

（4）机械部件故障的分析与定位。故障的主要原因包括以下几点：机械部件磨损、损坏产生位移等现象导致激光头定位不准；压盘机械部分有纰漏，不能夹紧光盘，导致盘片转动失常。具体现象有"读写"错误、"挑盘"、托盘不能弹出、"不认盘"等，多出现在经常非法、强制操作或环境较恶劣的情况下。对于此类故障，可将 CD-ROM 机械部分重新进行装配，适当补偿部件磨损，调整机构运动精度，在压盘轴孔处加装垫片。

（5）电子部件故障。该故障较为少见，其主要原因有光驱电子线路板损坏、电子元件老化、损坏等。具体现象有光驱不工作、不能出现盘符、"读写"错误等。

出现此类故障一般要送回厂家维修点或专业维修店进行维修，具体是更换相应的电路板或元器件。

（6）其他故障。故障的主要原因有环境因素、设备驱动程序问题（如出现"CDR-101：Bead Fail"提示信息）、CD-ROM 盘有灰尘、划痕、不正确的操作、固定螺钉太长、维修不当的残余物或上述诸多故障的综合。

3. 光驱的拆卸与清洗

【Step1】拆卸底板。将光驱底部向上平放，用十字形的螺丝刀拆下固定底板的螺钉，向上取下金属底板，此时能看到光驱底部的电路板；有些光驱底板上有卡销，卡销卡在外壳（凹形金属上盖）的相应卡扣上，拆卸这类光驱的底板时，需要将底板略向光驱后侧推，使之脱离卡销，然后向上取下底板。

【Step2】拉出托盘。在光驱进出盘按钮左侧，有一个直径为 1~1.5 mm 的强行退盘孔，将细铁丝插入应急退盘孔中并用力推入 2.5 cm 左右，托盘会向前弹出，再用手拉出托盘。也有些光驱没有强行退盘孔，可接通电源，按进出盘按钮使托盘滑出，然后关闭电源。

【Step3】拆卸前面板。前面板的两侧和顶部各有一只卡扣卡在金属外壳（凹形金属上盖）的卡孔中，向内轻推卡扣使之与卡孔脱离，向前拉出前面板。光驱的前面板是由螺钉固定在外壳两侧的，拧下螺钉即可向前抽出前面板。

【Step4】取出机芯。

①SONY光驱的机芯（包括电路板）在拉出前面板后，已可向下从外壳中取出。

②OTI光驱机芯是用螺钉固定在金属外壳（凹形金属上盖）顶部的，拧下螺钉即可取出机芯。

③GCD-R542B光驱的机芯两侧各有两只卡扣卡在金属外壳的卡孔中，先向内推卡扣，再略向前拉机芯使之与金属外壳尾部的凹形卡扣处脱离，然后向下取出机芯。

④将机芯正面向上，抽出光盘托就能看见激光头组件，激光头顶部黄豆大小的玻璃球状透明体是聚焦透镜，这时就可以清洗聚焦透镜。

⑤如果看不到激光头组件，可旋转步进齿轮将激光头组件移到可视位置。

⑥有些光驱，如OTI光驱，则还需要拆除光盘上夹盖后才能看到激光头组件。

【Step5】试机判断故障源。

①放入一张质量好的正版光盘。

②现象主要包括以下几种。

a.激光发射管亮（红色），光驱面板指示灯亮。

b.激光头架有复位动作（回到主轴电机附近）。

c.激光头由光盘的内圈向外圈步进检索，然后回到主轴电机附近。

d.激光头聚焦透镜上下聚焦搜索三次，主轴电机加速三次寻找光盘。

③判断：如果激光发射管熄灭，主轴电机停转，则可能是激光头组件有故障，否则，应检查光驱控制电路和伺服电路是否正常。

【Step6】拆卸光盘上夹盖。

①SONY光驱的光盘上夹盖在外壳顶部，此时已经能取下。

②GCD-R542B光驱，先拧下螺钉，再由两侧向内推卡扣，然后向上取下光盘上夹盖。

③OTI光驱的光盘上夹盖固定点在机芯尾部中间，先用镊子向后侧推取下弹簧，将上夹盖前部向上扳，再向右平移取下即可。

【Step7】拆卸激光头组件。

①观察：激光发射管功率微调电位器体积仅有绿豆大小，大多在激光头组件侧部，一般需要拆下激光头组件才能调节。激光头组件一侧套在一根圆柱形金属滑动杆上，另一侧与步进电机传动机构相衔接，不同机芯衔接方式不一。

②SONY光驱激光头组件的固定点在光驱上部，只需要拧下一颗螺钉，拔下软排线即可向上取下激光头组件。拔下软排线前建议先用有色铅笔在排线与插座接口处画一条直线，做

好标记，以便在还原时判断是否正确回位。拔、插软排线请勿折叠，轻拔轻插，否则，损坏后极难维修。

③ GCD 光驱激光头组件的固定点在光驱下部，需要先拧下两颗螺钉，拔下机芯与电路板连接的软排线及插头，取下电路板，拧下激光头组件上固定圆柱形金属滑动杆端头的螺钉，再平移金属滑动杆，即可向上扳取出激光头组件，这时激光头虽未取下，但已能调节微调电位器。另外，也可拧下左侧固定步进转轴的三颗螺钉，再取下激光头组件。

④ OTI 光驱的激光头组件的固定点在光驱下部，需要先拧下两颗螺钉，拔下软排线及插头，取下电路板，再向内侧取出固定圆柱形金属滑动杆两端头的卡销，向上扳即可取下激光头组件。

【Step8】清洗聚焦透镜。

①仔细观察聚焦透镜表面会看到灰尘或雾蒙蒙的一片，用脱脂棉或镜头纸轻轻擦拭除去透镜表面的灰尘。

②一般情况下建议干擦，请不要蘸水擦拭，因透镜表面有一层膜，极怕受潮。医用酒精含水较多，工业酒精含杂质较多，也不宜使用。如果仔细观察确有无法擦除的油腻，建议蘸少许无水乙醇清洗。

③聚焦透镜安装在弹性体上，擦拭时可稍稍加力，但用力过大会使透镜发生位移或偏转而影响光驱读盘。如果使用镊子，则不要划伤透镜表面，也不要碰伤聚焦透镜侧部的聚焦线圈。

4. 读不出盘的光驱维护

【Step1】确定光盘没有问题。换几张质量好的光盘进行尝试，若还是不读盘，则继续下一步。

【Step2】清洗激光头。将光驱的螺钉拧开，打开光驱盖，可以看到激光头，拿棉签蘸少许酒精对激光头进行擦拭，若还是不读盘，则继续下一步。

【Step3】更换光驱。一般可能是光驱激光头老化，导致光驱不能正常工作，此时应选择更换光驱。

第四节　显示设备

一、显示器

1. 显示器的原理

显示器显示画面是由显卡控制的。

（1）CRT 显示器。CRT 显示器的显示系统和早期的电视机类似，主要部件是显像管（电子枪）。在彩色显示器中，通常是三个电子枪，也有将三个电子枪合在一起的，称为单枪。

显像管的屏幕上涂有一层荧光粉，电子枪发射出的电子击打在屏幕上，使被击打位置的荧光粉发光，从而产生图像。每个发光点又由"红""绿""蓝"三个小的发光点组成，此发光点就是一个像素。由于电子束是分为三条的，它们分别射向屏幕上这三种不同的发光点，因此在屏幕上出现彩色的画面。

CRT 显示器的参数主要包括以下几点。

①点距（Dot Pitc），主要是对使用孔状荫罩而言的，是荧光屏上两个同样颜色荧光点之间的最短距离。

②栅距（Bar Pitc），是计算其中荧光条之间的距离。

③像素（Pixel），屏幕上每个发光的点就称为一个像素，像素由红、绿、蓝三种颜色组成。

④分辨率（Resolution），是指构成图像的像素的总数，主要是由点距和显像管面积决定的。显示器的清晰度主要取决于分辨率。因为分辨率越高，同等面积下的像素就越高，所以显示效果必定清楚。例如，1 024×768 比 800×600 清晰；但同等面积下的像素多少又取决于点距的大小，因此换句话说，参数其实都是相互关联的，看到分辨率基本就可以知道其他参数。但显示效果不单由分辨率决定，如带宽等参数也很重要，因此要综合考虑。

（2）液晶显示器。液晶是一种介于固体和液体之间的特殊物质，是一种有机化合物，常态下呈液态，但是液晶的分子排列却与固体晶体一样非常规则，因此取名液晶，液晶的另一个特殊性质在于，如果给液晶施加一个电场，会改变其分子排列，此时如果给液晶配合偏振光片，液晶就具有阻止光线通过的作用（在不施加电场时，光线可以顺利透过），如果再配合彩色滤光片，改变加给液晶电压的大小，就能改变某一颜色透光量的多少，也可以形象地说，改变液晶两端的电压就能改变液晶的透光度（但在实际中这必须与偏光板配合）。

液晶显示器的参数：屏幕比例即屏幕宽度和高度的比例，又称为纵横比或者长宽比，标准的屏幕比例一般有 4∶3 和 16∶9 两种，但 16∶9 也有几个"变种"，如 15∶9 和 16∶10。

①尺寸，如图 4-64 所示。显示器的尺寸为对角线的长度。

图 4-64　显示器的尺寸

②分辨率，一般为 1 920×1 080。分辨率可以从显示分辨率与图像分辨率两个方向进行分类。

显示分辨率（屏幕分辨率）是屏幕图像的精密度，是指显示器所能显示的像素有多少。由于屏幕上的点、线和面都是由像素组成的，显示器可显示的像素越多，画面就越精细，同样的屏幕区域内能显示的信息也越多，因此分辨率是显示器非常重要的性能指标之一。在显示分辨率一定的情况下，显示屏越小图像越清晰，反之，显示屏大小固定时，显示分辨率越高图像越清晰。

图像分辨率则是单位英寸中所包含的像素点数，其定义更趋近于分辨率本身的定义。

FHD 意思是全高清，即 Full HD，全称为 Full High Definition，一般能达到的分辨率为 1 920×1 080。当片源达到 1 080P 清晰度时，支持 FHD 分辨率输出的 LCD 显示屏能够完整表现。

UHD 代表"超高清"，HD（高清）、Full HD（全高清）的下一代技术。国际电信联盟（ITU）发布的"超高清 UHD"标准建议将屏幕的物理分辨率达到 3 840×2 160（4 K×2 K）及以上的显示称为超高清，是普通 FHD（1 920×1 080）宽高的各两倍，面积的四倍。

4 K 的名称得自其横向解析度约为 4 000 像素，和目前主流的 1 080 P（1 920×1 080）相比，4 K 分辨率是其显示清晰度的 4 倍。目前，主流彩电企业的超高清电视分辨率接近 4 K，为 3 840×2 160，分辨率标准的显示比例为 16∶9，与消费者目前接收的观看比例比较接近。超高清电视机的像素超过 800 万，相比之下，全高清电视的像素目前只有 200 万左右。

③可视角度，是指用户可以从不同的方向清晰地观察屏幕上所有内容的角度。获得无色彩偏差和文字缺失的标准图像的最大角度，一般最大广阔可视角度为 178°。

④不同的接头，显示器的接头如图 4-65 所示，分别为 HDMI+DP+VGA 和 1 入 2 出的 USB Hub。

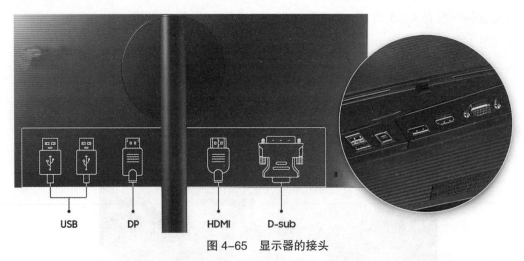

USB   DP   HDMI   D-sub

图 4-65　显示器的接头

HDMI（High Definition Multimedia Interface，HDMI）是一种数字化视频／音频接口技术，

是适合影像传输的专用型数字化接口，可同时传送音频和影像信号，最高数据传输速度为 2.25 GB/s，在信号传送前无须进行数 / 模或者模 / 数转换。

DP（DisplayPort），也是一种高清数字显示接口标准，可以连接计算机和显示器，也可以连接计算机和家庭影院。

亮度（Lightness）是颜色的一种性质，或与颜色多明亮有关系的色彩空间的一个维度。在 Lab 色彩空间中，亮度被用于反映人类的主观明亮感觉。

亮度是指画面的明亮程度，单位是 cd/m^2 或称 nits。当前提高显示屏亮度的方法有两种：一种是提高 LCD 面板的光通过率；另一种就是增加背景灯光的亮度。

需要注意的是，较亮的产品不一定就是较好的产品，显示器画面过亮常常会令人感觉不适，不仅容易引起视觉疲劳，还会使纯黑与纯白的对比降低，影响色阶和灰阶的表现。因此，提高显示器亮度的同时，也要提高其对比度，否则就会出现整个显示屏发白的现象。另外，亮度的均匀性也非常重要，但在液晶显示器产品规格说明书中通常不做标注。亮度均匀与否，和背光源与反光镜的数量及配置方式息息相关，品质较好的显示器，画面亮度均匀，柔和不刺目，无明显的暗区。

传统的静态对比度是指屏幕全白与全黑之间可以分为多少个档，对比度越高细节表现就越好，现在主流的显示器静态对比度一般为 1 000：1 至 1 500：1。

动态对比度就是在原有基础上加进一个自动调整显示亮度的功能，这样就将原有对比度提高了几倍甚至几十倍，但本质上真正的对比度没有改变，因此画面细节并不会显示得更清晰，但因为其自动调节亮度的功能所以在很多游戏中会有比较好的表现。目前主流的动态对比度为 20 000：1 至 80 000：1。

购买显示器时一定要区分静态对比和动态对比，以免上当。对比度是屏幕上同一点最亮时（白色）与最暗时（黑色）的亮度的比值，高的对比度意味着相对较高的亮度和呈现颜色的艳丽程度。

品质优异的 LCD 显示器面板和优秀的背光源亮度，两者合理配合就能获得色彩饱满明亮清晰的画面。

在图像领域的液晶显示器响应时间，是液晶显示器各像素点对输入信号反应的速度，即像素由暗转亮或由亮转暗所需要的时间（其原理是在液晶分子内施加电压，使液晶分子扭转与回复）。常说的 25 ms、16 ms 就是指的这个反应时间，反应时间越短则使用者在看动态画面时越不会产生尾影拖曳的感觉。一般将反应时间分为两个部分，即上升时间（Rise Time）和下降时间（Fall Time），而表示时以两者之和为准。

刷新率是指电子束对屏幕上的图像重复扫描的次数。刷新率越高，所显示的图像（画面）稳定性就越好。刷新率高低将直接决定其价格，但是由于刷新率与分辨率两者相互制约，因此只有在高分辨率下达到高刷新率的显示器才能称其为性能优秀。

2. 液晶显示器的使用常识

（1）分辨率的设置。由于液晶显示器的显示原理与CRT有本质区别，因此建议用户最好使用屏幕所对应的最佳分辨率，否则会加重液晶显示器的负担，对显示器产生一些不良影响。

（2）屏幕的清洁。清洁LCD屏幕时尽量不要采用含水分太重的湿布，以免有水分进入屏幕而导致LCD内部短路等故障发生。建议采用眼镜布、镜头纸等柔软物对LCD屏幕进行擦拭，这样既可以避免水分进入LCD内部，也不会刮伤LCD的屏幕。如果条件允许，请购买LCD屏幕的清洁布和清洁剂进行清理。

（3）其他注意事项。

① LCD的面板很脆弱，因此应尽量避免用手直接接触屏幕，以免对液晶屏造成损坏。

②由于液晶显示器的显示原理与CRT有本质区别，因此屏幕保护程序不能起到保护液晶屏的目的，正确的做法是不用时就把显示器关掉。

③液晶显示器所处的环境温度不能太高或太低，湿度也同样不能太高或太低。摆放的位置要避免阳光直射。

2. 维护和清洁液晶显示器

（1）清洁。

【Step1】清洁之前将显示器插头从墙壁插座中拔下。

【Step2】用不起毛的非磨损布料清洁LCD显示器表面。

【注意】

　避免使用任何液体、湿润剂或玻璃清洁剂。

（2）维护。

【Step1】通风：机壳背面或顶部的插槽和开口用于保持通风，请不要阻塞或遮盖。

【Step2】位置：显示器请勿放在散热器或热源附近，除非有良好的通风，否则也不可进行内置安装。

【Step3】注意：请勿将任何物体推入显示器，也不可使任何液体流入其中。

3. 安装液晶显示器——以BL2420Z显示器为例

【Step1】安装前的检查。打开包装时应该比照材料清单一一检查是否有遗漏。

材料清单：BenQ LCD显示器、显示器支架、显示器底座、快速入门指南、光盘、电源线缆、视频线缆：D–Sub（带D–Sub输入端型号的可选附件）、使用入门等。

【Step2】了解显示器，如图4-66所示。

【Step3】安装环境准备。在桌上清出一个平面区域，并将显示器包装袋等软性物置于桌上作为填料，以保护显示器和屏幕。

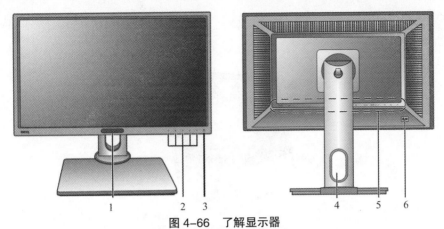

图 4-66　了解显示器

1—光传感器 / 省电传感器；2—控制按钮；3—电源按钮；4—线缆管理孔；

5—输入和输出端口（因型号而异）；6—Kensington 锁槽

【注意】

　　请小心放置，以防损坏显示器。将屏幕表面置于订书机或鼠标等物上，会使玻璃破碎或损坏 LCD 的底基，该损坏不属于保修范围。在书桌上滑动或刮擦显示器会刮伤或损坏显示器的包围物和控制器。

　　【Step4】将屏幕面朝下置于一个平整、清洁、加上填料的平面上，如图 4-67 所示。根据图 4-67（b）将显示器支架连接到显示器底座；根据图 4-67（c）确保支架尾部的箭头与显示器上的箭头对准，顺时针旋转支架，直至无法继续转动；根据图 4-67（d）拧紧显示器底座底端的拇指螺钉；根据图 4-67（e）将支架臂与显示器对准并与其保持平行（①），然后将它们推压，直至锁定到位（②），轻轻尝试将它们拉开以检查是否正确接合，小心抬高显示器，将它翻过来并直立支架在完全平面的表面上。

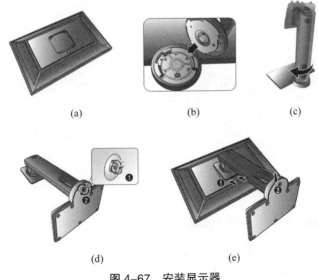

图 4-67　安装显示器

【Step5】调整显示器高度,如图 4-68 所示,握住显示器的左右两侧,以放低显示器或向上提起至所需高度。

图 4-68 调整显示器高度

【注意】

（1）请勿将手放在高度可调节的支架的上方或下方或者显示器的底部,因为上升或下降的显示器可能会造成人身伤害。

（2）进行此操作时请勿让儿童碰到显示器。

（3）如果显示器旋转至纵向模式并需要调节高度,用户应注意,宽屏会将显示器降低至最低高度。

【Step6】如图 4-69 所示,连接计算机视频线缆（数据线）,根据需要连接,拧紧所有螺钉,防止使用过程中插头意外松动（D-Sub 、DVI-D 接头）。

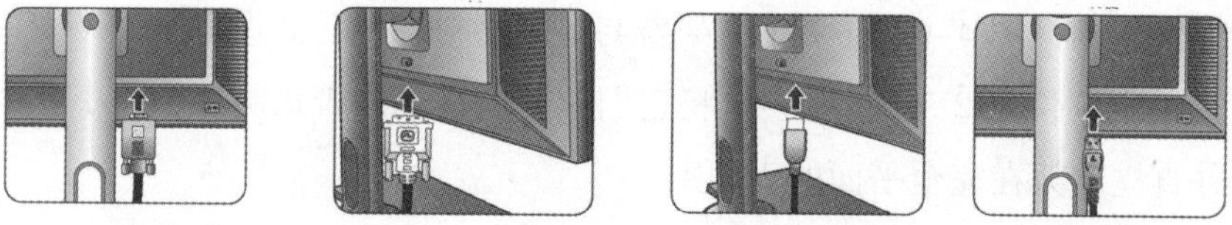

D-Sub   DVI-D   HDMI   DP

图 4-69 连接计算机视频线缆

【注意】

请勿在一台 PC 上同时使用 DVI-D 线缆和 D-Sub 线缆。各种视频线缆的图像质量不同,较好质量的有 HDMI / DVI-D / DP ,良好质量的有 D-Sub。

【Step7】连接主机及电源线。

【Step8】安装显示器驱动程序,为了充分利用显示器的功能,可以安装光盘中的驱动程序。

4. 拆卸液晶显示器——以 BL2420Z 显示器为例

【Step1】将数据线、电源线等连接显示器的设备拆除。

【Step2】准备环境。在桌子上清出一个平面并将毛巾等软物作为填料放在桌上以保护显示器和屏幕，然后将屏幕器面朝下放在清洁和加上填料的平面上。

【Step3】卸下显示器支架，如图 4-70 所示，按住 VESA 安装释放按钮（①），从显示器分开支架（②和③）。

（a）　　　　　　　　（b）　　　　　　　　（c）

图 4-70　卸下显示器支架

【Step4】卸下显示器底座，如图 4-71 所示，松开显示器底座底端的拇指螺钉；逆时针旋转支架，直至无法继续转动，然后从支架取下底座。

（a）　　　　　　　　（b）　　　　　　　　（c）

图 4-71　卸下显示器底座

5. 图像模糊故障排除

【Step1】观察是否有 VGA 延长线，如果有，卸下延长线后观察图像是否模糊。

【注意】

延伸信号线的传输损耗会导致图像模糊，这是正常现象。用户可以使用具有更高传导质量或内置放大器的信号线缆将这种损耗降到最低。

【Step2】调整屏幕分辨率。

【Step3】调整刷新率。

6. 安装液晶显示器驱动程序——以 BenQ_LCD 显示器为例

【Step1】进入"开始"—"控制面板"（查看方式选类别）—"查看设备和打印机"，如图 4-72 所示，选中液晶显示器图标并右击"属性"，如图 4-73 和图 4-74 所示。

图 4-72　查看设备和打印机

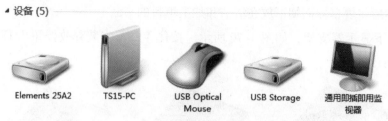

图 4-73　找到液晶显示器图标

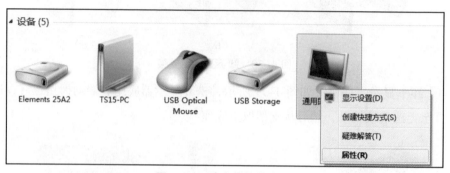

图 4-74　选中图标并右击

【Step2】如图 4-75 所示，单击"硬件"选项，选中"通用即插即用监视器"，然后单击"属性"按钮。

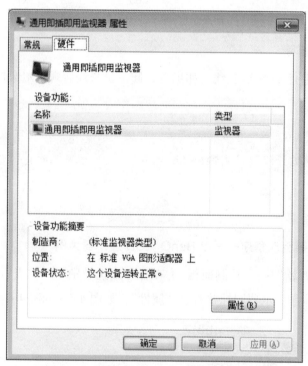

图 4-75　通用即插即用监视器属性——硬件

【Step3】如图 4-76 所示，单击"驱动程序"选项，然后单击"更新驱动程序"按钮。

图 4-76　通用即插即用监视器属性——驱动程序

【Step4】将液晶显示器光盘放入电脑光驱。

【Step5】在更新驱动程序软件窗口中，选择浏览电脑查找驱动程序软件选项。

【Step6】单击浏览，浏览光盘目录，如 D：\BenQ_LCD\Driver\。

【Step7】从所提供驱动器列表中选择显示器的正确文件夹名称，然后单击"下一步"，系统会将正确的显示器驱动程序文件复制并安装到电脑。

【Step8】用户在完成驱动程序更新后，重新启动计算机驱动完成安装。

7. 如何设置两台显示器

【Step1】条件准备。准备具备双显示的显卡或者使用两张独立显卡。

【Step2】连接显示器。将两台显示器分别连接在不同的显卡接口上，检查无误后，打开计算机。

【Step3】设置显示器。默认情况下是"扩展显示"的功能。所谓扩展显示，就是将显示画面扩大到两个显示器的范围。

【注意】

　　独立显卡和集成显卡是不能同时输出图像的。

二、显卡

选择显卡，以显存为主。

1. 显卡硬件安装——以七彩虹显卡为例

操作关键提示：静电会严重损坏电子组件。在拿取显卡时必须采取防静电措施，如触摸计算机的金属外壳以释放静电、尽量拿显卡的边缘，不要接触电路部分。

【Step1】清点配件及相关资料。

【Step2】阅读说明显卡安装操作指南。

【Step3】关闭计算机电源，并拔出电源线（物理隔离）。

【Step4】释放静电。

【Step5】拆卸机箱盖。

【Step6】观察显卡安装插槽位置，并拆除对应金属后挡板（注意将螺钉和挡板放在指定位置）。

【Step7】显卡安装，如图 4-77 所示，技术要领如下：保证显卡放置方向垂直（①）；如果需要，安装外接电源（②）。

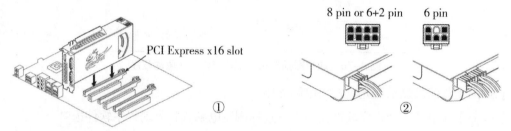

图 4-77　显卡安装

【Step8】固定显卡：安装固定螺钉。

【Step9】重新盖好机箱盖。

【Step10】将显示设备连接到显卡对应的输出接口，并将连接端口的螺钉拧紧，连接电源线。

【Step11】开机测试：重新开启电脑，一般情况下 Windows 会检测到新安装在系统中的显卡。

2. 显卡软件安装——以七彩虹显卡为例

【注意】

如果之前系统安装过显卡，必须卸载原有驱动程序（"控制面板"—"添加 / 删除程序"—"更换 / 删除程序"栏中选择原有的显卡驱动程序，然后单击删除即可）。

【Step1】如图 4-78 所示，将随显卡配置的光盘放入光驱①。

①

②

③

图 4-78　驱动安装

①—光驱；②—光盘驱动器；③—Autorun.exe

【Step2】系统自动启动安装界面。

【Step3】一般按照显示的选项即可完成安装。

【Step4】如果未自动执行程序，可打开"我的电脑"或"此电脑"，开启光盘驱动器②，执行"Autorun.exe"③。

3. SLI 安装

【Step1】阅读 SLI 安装图示，如图 4-79 和图 4-80 所示。

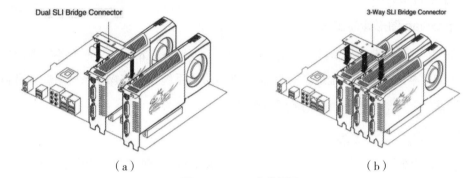

（a）　　　　　　　　　　　　　　　　　（b）

图 4-79　SLI 安装图示

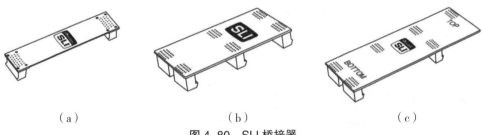

（a）　　　　　　（b）　　　　　　（c）

图 4-80　SLI 桥接器

（a）2-way SLI；（b）3-way SLI；（c）4-way SLI

【Step2】显卡安装后，需要重新启动计算机。

【注意】

在安装过程中会等待一段时间，并且屏幕会出现闪动，这是正常现象。

在安装过程中，若用户收到 Microsoft WHQL（Windows Hardware Quality Labs）警示，请选择"Continue"或者"Install driver software anyway"，这是因为安装不具有危险性。

如果安装程序无法安装驱动程序，或者存在软件冲突，则可从显卡官网上下载最新软件，然后进行安装。

4. 安装显卡驱动后，黑屏的解决方法

【Step1】分析原因：最大的原因是安装的显卡驱动版本错误，有时候使用第三方的软件安装显卡驱动时会出现这种情况，可以通过安全模式进入系统后将驱动卸载掉之后再重新上显卡官网下载和更新驱动。

【Step2】卸载驱动：在开机的同时按住"F8"键，进入安全模式，在系统桌面上找到"计算机"图标，选择"属性"，单击面板上的"设备管理器"，然后单击"显示适配器"就可以看到显卡型号，再右击需要卸载驱动的显卡型号，就会出现卸载的选项，根据提示单击就可以卸载驱动。

【Step3】下载最新驱动：根据说明书或百度可以登录显卡官网下载最新驱动（也可以通过"驱动之家"下载）。

【Step4】重新安装驱动。

5. 运行 dxdiag 图形诊断工具

按"win+R"组合键进入运行，如图 4-81 所示，输入"dxdiag"查看系统版本，如图 4-82 所示（如版本为 10240 就是最老的版本），然后进入系统更新将操作系统更新到最新版本。

（a）　　　　　　　　　　　　　　　　（b）

图 4-81　运行 dxdiag 命令

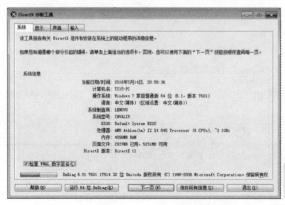

图 4-82　查 DirectX 版本

6. 读懂显卡参数

显卡产品参数见表 4-7。

表 4-7　显卡产品参数

主体	
品牌	影驰 GALAXY
型号	影驰 GTX 750 Ti GAMER
接口类型	PCI-E 3.0
核心	
核心品牌	NVIDIA
核心型号	GeForce GTX 750
核心频率	1150MHz（1229MHz）
流处理单元	640
显存	
显存类型	DDR5
显存容量	2 GB
显存位宽	128 bit
显存频率	6 008 MHz
3D API	
DirectX	Microsoft DirectX 12
OpenGL	Open GL 4.3
接口	
DVI 接口	2 个
HDMI 接口	1 个
DP 接口	1 个
规格	
最大分辨率	4 096 × 2 160
SLI	支持
HDCP	支持
电源接口	6 Pin
特性	
尺寸	
建议电源	300 W
功耗	60 W

【Step1】显卡接口类型：PCI-E 3.0，既代表接口类型，也代表速度。

【Step2】核心品牌：NVIDIA 和 ATI。

【Step3】显存：支持 DDR5、容量 2 GB、位宽 128 bit。

【Step4】3D API：支持 Microsoft DirectX 12、Open GL 4.3，是指定义了一个跨编程语言、跨平台的编程接口规格的专业的图形程序接口。它用于三维图像（二维的也可），是一个功能强大、调用方便的底层图形库。

【Step5】接口情况：支持 DVI、HDMI 和 DP。

【Step6】最大分辨率：4 096×2 160（4 K）。

【Step7】SLI：支持多显示器。

【Step8】HDCP（High –bandwidth Digital Content Protection）：高带宽数字内容保护技术。

第五节　其他设备

一、打印机

打印机的好坏主要由分辨率、速度和噪声几部分决定。

1. 安装打印机——以 Epson EPL-2180 为例

【Step1】开打印机包装，清点设备，如图 4-83 所示。一般包括打印机、硒鼓、电源线、数据线、打印机软件光盘、说明书。

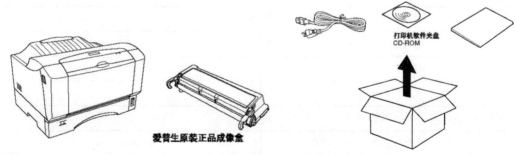

爱普生原装正品成像盒

打印机软件光盘
CD-ROM

图 4-83　开打印机包装

【Step2】阅读打印机安装说明书，了解使用激光打印机的注意事项、安全指导和打印机对环境的要求。

【Step3】选择安装位置，如图 4-84 所示，具体要求参见相关知识。

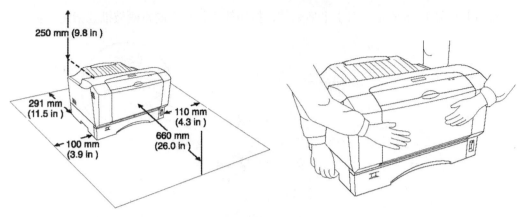

图 4-84 选择安装位置

【Step4】如图 4-85 所示，取下打印机固定胶条，开启硒鼓安装位置舱。

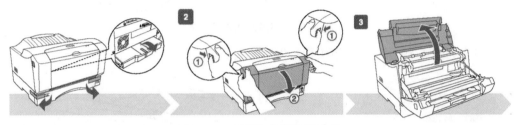

图 4-85 取下打印机固定胶条

【Step5】如图 4-86 所示，硒鼓轻轻按方向摇晃数次。如图 4-87 所示，笔直拉出封条。

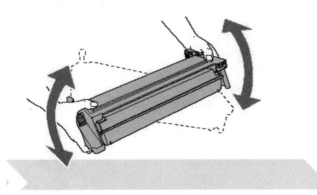

图 4-86 硒鼓安装准备（一）

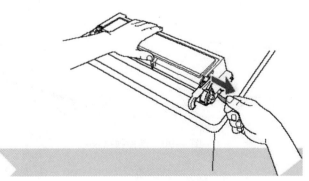

图 4-87 硒鼓安装准备（二）

【Step6】如图 4-88 所示，双手平拖硒鼓，按照箭头指示方向将硒鼓推到指定位置。

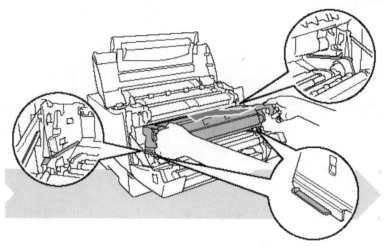

图 4-88　将硒鼓放入打印机

【Step7】如图 4-89 所示，按箭头指示方向关闭舱盖。

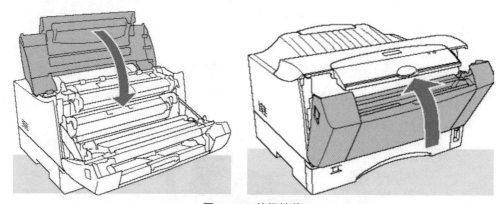

图 4-89　关闭舱盖

【Step8】如图 4-90 所示，在确保电源关闭的条件下，连接数据线。

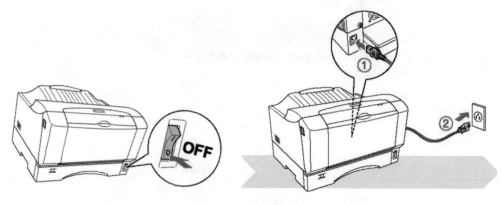

图 4-90　连接数据线

【Step9】如图 4-91 所示，装入打印纸。

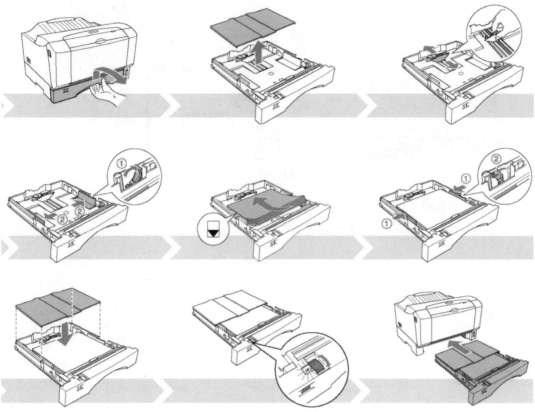

图 4-91 装入打印纸

【Step10】打开电源，如图 4-92 所示，安装打印机软件（Windows）。

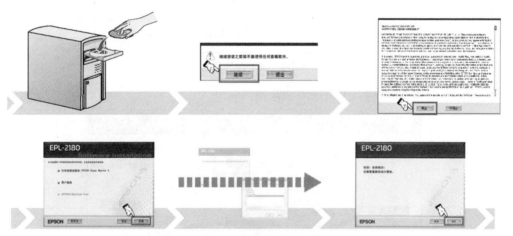

图 4-92 安装打印机软件

【Step11】测试打印机，如图 4-93 所示，"开始"—"打印机和传真"。

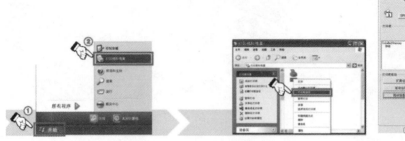

图 4-93 测试打印机

2. 安装打印机驱动——以 Windows 7 为例

【Step1】打印机与电脑通过数据线连接，如图 4-94 所示，进入"计算机"—"光驱"—"明基打印机驱动"—双击"SetupMain"程序安装图标。

图 4-94 驱动程序文件夹

【Step2】如图 4-95 所示，单击"驱动安装"项。

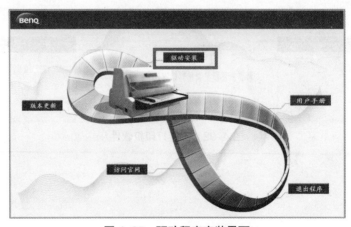

图 4-95 驱动程序安装界面

【Step3】如图 4-96 所示，选择打印机与电脑连接的端口类型，再选择打印机型号，单击"驱动安装"按键。

图 4-96　选择端口类型和打印机型号

【Step4】如图 4-97 所示，在弹框提示界面，选择"始终安装此驱动程序软件"。

图 4-97　选择"始终安装此驱动程序软件"

【Step5】如图 4-98 所示，若打印机与电脑端未能连接成功，或电脑未识别到打印机，会出现错误提示，请确认数据线是否连接好。

图 4-98　驱动无法识别提示

【Step6】如图4–99所示，驱动安装完毕，选择"退出软件"。

图4–99　驱动安装完毕

3. 卸载打印机驱动——以 Windows XP 系统为例

【Step1】单击"开始"菜单，选择"打印机和传真"，如图4–100所示。

图4–100　选择"打印机和传真"

【Step2】在"SK570"上右击，选择"删除设备"，如图4–101所示，在弹出的界面中单击"是"。

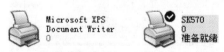

图4–101　删除设备

【Step3】删除打印机驱动文件。删除所选打印机后，还需要继续删除打印机驱动文件。在"打印机和传真"界面空白处右击—"打印服务器属性"—"驱动程序"，如图 4-102 所示，选中"SK570"，然后删除。

图 4-102　打印服务器属性

4. 卸载打印机驱动——以 Windows 7 系统为例

【Step1】单击 Windows 图标，选择"设备和打印机"，如图 4-103 所示。

【Step2】在"SK570"上右击，选择"删除设备"。如图 4-104 所示，在弹出的界面中单击"是"。

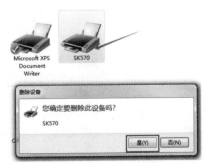

图 4-103　选择"设备和打印机"　　　　图 4-104　删除设备

【Step3】删除所选打印机后，还需要删除打印机驱动文件。选中某个打印机或传真，如图 4-105 所示，单击"打印服务器属性"。

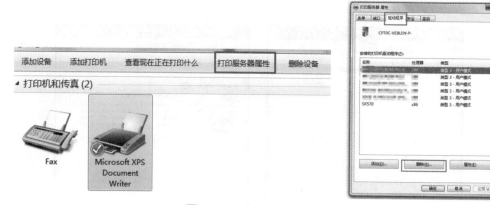

图 4-105　打印服务器属性

【Step4】删除驱动程序，如图 4-106 所示，单击"驱动程序"—选中"SK570"—单击"删除"，弹出如图 4-106 所示对话框，选择"仅删除驱动程序（R）"，单击"确定"，根据提示最后完成删除驱动程序。

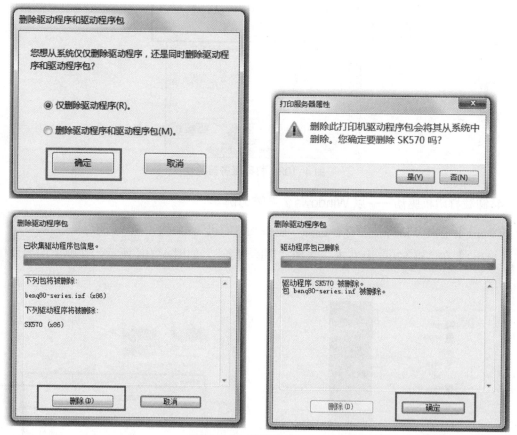

图 4-106　删除驱动程序

【Step5】若出现"未能删除驱动程序 HP Designjet 500 42 by HP。指定的打印机驱动程序当前正在使用",如图 4-107 所示。

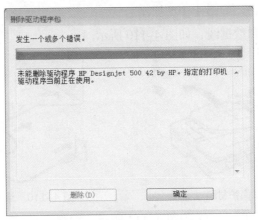

图 4-107 驱动程序正在使用

【Step6】清除打印任务。将打印机和电脑连接断开,再查看打印软件中是否有打印任务(进入"设备和打印机"菜单,选择"文件"选项,下拉菜单中选择"查看正在打印",选择"打印机"并"取消所有文档")。

【Step7】重新启动"print spool"。如果确认操作正确还不能删除,在计算机上右击选择"管理",在"服务与应用程序"下拉菜单选择"服务",在右侧服务明细中找到"print spool",右击选择"重新启动",重新启动后再进入上述步骤删除驱动,若能删除则成功删除驱动。

【Step8】注册表中删除。如果还是无法删除,可进入注册表进行删除残留驱动。单击"开始"中的"运行",输入"regedit"后按"Enter"键,进入注册表编辑器。在注册表编辑器中,在 HKEY_LOCAL_MACHINE\SYSTEM\CurrentControlSet\Control\Print\Environments\WindowsNT x86\Drivers,路径下找到对应名称驱动删除即可。

二、扫描仪

1. 安装扫描仪——以 Epson DS-1610 为例

【Step1】开扫描仪包装,清点设备,如图 4-108 所示。一般包装包括扫描仪、电源线、数据线、打印机软件光盘和说明书。

图 4-108 扫描仪

【Step2】将扫描仪从包装中小心取出，放置在平坦的地方（如桌面等），并且应尽量靠近待连接的计算机。

【Step3】去掉保护材料，如图 4-109 所示。

【Step4】连接电源线和数据线，如图 4-110 所示。

图 4-109　去掉保护材料

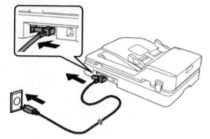

图 4-110　连接电源线和数据线

【Step5】安装驱动，如图 4-111 和图 4-112 所示，网络下载安装扫描仪驱动。

插入随附的光盘

图 4-111　光盘安装驱动

http://epson.sn

图 4-112　网络安装驱动

2. 安装扫描仪——以 CanoScan 3000 为例

【Step1】开扫描仪包装，清点设备，如图 4-113 所示。一般包装包括扫描仪、电源线、数据线、打印机软件光盘和说明书。

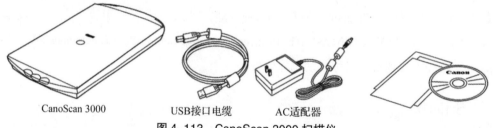

CanoScan 3000　　　　USB接口电缆　　　AC适配器

图 4-113　CanoScan 3000 扫描仪

【Step2】安装软件，将扫描仪光盘放入光驱，根据提示安装软件。

【Step3】撕去扫描仪的封条，将扫描仪轻轻反转，如图 4-114 所示。

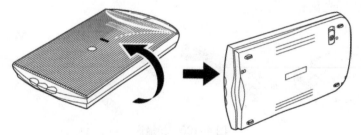

图 4-114　撕去封条，轻轻反转扫描仪

【Step4】打开扫描仪安全锁，如图 4-115 所示，打开锁定开关，然后将扫描仪反转回水平位置。

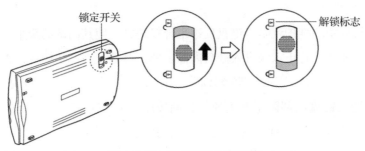

图 4-115　打开扫描仪安全锁

【注意】

（1）部分扫描仪没有锁。

（2）扫描仪锁的位置一般在扫描仪底部或顶部靠前的一个角落，它的作用是用于保护扫描仪的光学组件在搬运过程中免受震动移位而造成损害。

（3）准备使用扫描仪时务必先要将此开关推到开锁的位置，若要运输时则要将此开关锁住。

【Step5】连接扫描仪，如图 4-116 所示。

【注意】

（1）连接电源线时，与数据线连接类似，尽量使用扫描仪自带的电源线，如图 4-117 所示。

（2）认真阅读说明书，确定扫描仪的电压适用范围，因为各国所使用的电压标准不尽相同，电压使用不当可能会造成扫描仪的损坏。例如，日本所使用的电压标准即为 110 V，在 220 V 电压环境下使用时则需要外接一个变压器。

【Step6】测试扫描仪，一般根据扫描仪使用说明操作即可。

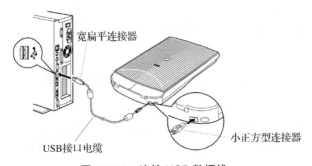

图 4-116　连接 USB 数据线

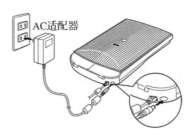

图 4-117　连接电源

三、键盘

1. 键盘的维护

对键盘做得最简单的维护就是将键盘反过来轻轻拍打，使其内部的灰尘落出，并且用湿布清洗键盘表面，但要注意防止水滴进入键盘内部。禁止对键盘进行热插拔，否则可能烧坏键盘和接口。另外，由于键盘各键位使用频率不同，有时按键用力过大、金属物掉入键盘或茶水等溅入键盘，都会造成键盘内部微型开关弹片长期按压变形或被灰尘油污锈蚀，出现键位接触不良或失去作用的现象。一方面，可以使用普通的注射针筒抽取无水酒精，然后对准不良键位接缝处注射，并且不断按键以加强清洗效果；另一方面，可以将故障键拆开，看到两片小金属片构成的触点，用镊子夹一块小酒精棉球在触片上反复擦拭，直到露出金属光亮为止。

长时间使用的键盘需要拆开进行维护。首先，拔掉接头，打开键盘背面的防水板；其次，检查键盘按键胶垫是否松动脱落，小心清洗电路板上的污物，并将所有按键胶垫按原位放回；最后，将键盘防水板盖上，上好螺钉，完成清洗工作。

对于机械式按键键盘，则可以取下电路板，拔下电缆线与电路板连接的插头，用油漆刷扫除电路板和键盘按键上的灰尘，尽量不要使用湿布。如果有某个按键失灵，可以焊下按键开关进行维修。但组成按键开关的零件极小，维修不便，最简单的办法就是用同型号的键盘按键或不常用的按键与失灵按键交换位置。

对于电容式按键键盘，打开后盖后，会发现底板上有三层薄膜，这三层薄膜分别是下触点层、中间隔离层和上触点层，上、下触点层压制有金属电路连线和与按键相对应的圆形金属触点，中间隔离层上有与上、下触点层对应的圆孔。所有按键嵌在前面板上，在底板上三层薄膜，前面板按键之间有一层橡胶垫，橡胶垫上凸出部位与嵌在前面板上的按键相对应，按下按键后胶垫上相应凸出部位向下凹，使薄膜上、下触点层的圆形金属触点通过中间隔离层的圆孔相接触，送出按键信号。由于此类键盘通过上、下触点层的圆形金属触点接触送出按键信号，如果薄膜上触点有氧化现象，可以用橡皮擦拭干净。另外，三层薄膜可以使用油漆刷清扫干净。

2. 键盘的拆卸

【Step1】翻转键盘，将原来卡住的底板用螺丝刀往左右方向敲击。拆下键盘外壳，取出整个键盘，将键帽拔出。

【Step2】用电烙铁将按键的焊脚从印刷电路板上焊掉，使开关和印刷电路板脱离（电烙铁应有良好的接地，以防将键盘逻辑器件击穿）。

【Step3】用镊子将按键两边的定位片向中间靠拢，将定位片轻轻从下方顶起，按键便能从定位铁中取出。

【Step4】取下键杆，拿下弹簧和簧片，用无水酒精或四氯化碳等清洗液将链杆、键帽、弹簧和簧片上的灰尘与污垢清除干净，用风扇吹干或放通风处风干。

【Step5】若簧片产生裂纹或已断裂，则应予以更换；若簧片完好，而弹力不足时，可将其折弯部位再轻轻折弯一些，以便增强对接触簧片的压力。

【Step6】装好簧片、弹簧和键杆，将按键插入原位置，使焊脚插入焊孔并露出尖端部分，用电烙铁将其与焊孔焊牢，装上键帽即可。

3.键盘进水如何处理

【Step1】断电：立即拔下键盘插头（或去除无线键盘的电池），切断键盘电源连接。

【Step2】排水：自然水平抬高键盘，让水顺畅排出键盘至无水滴为止。

【注意】

请不要翻转键盘排水。

【Step3】晾干：把键盘放在通风干燥处自然晾干。

4.键盘保洁方案

【Step1】拍打键盘。关掉电脑，将键盘从主机上取下。在桌上放一张报纸，把键盘翻转朝下，距离桌面 10 cm 左右，轻轻拍打并摇晃。

【Step2】吹掉杂物。使用吹风机对准键盘按键上的缝隙吹，以吹掉附着在其中的杂物，然后将键盘翻转朝下并轻轻摇晃拍打。

【Step3】擦洗表面。用一块软布蘸上稀释的洗涤剂（注意软布不要太湿），擦洗按键表面，然后用吸尘器将键盘吸一遍。

【Step4】消毒。键盘擦洗干净后，可以再蘸上酒精、消毒液或药用过氧化氢等进行消毒处理，最后用干布将键盘表面擦干即可。

【Step5】彻底清洗。如果想给键盘进行彻底清洁，则需要将每个按键的键帽拆下来。普通键盘的键帽部分是可拆卸的，可以用小螺丝刀把它们撬下来。空格键和"Enter"键等较大的按键帽较难回复原位，因此尽量不要拆。最好先用相机将键盘布局拍下来或画一张草图，拆下按键帽后，可以浸泡在洗涤剂或消毒溶液中，并用绒布或消毒纸巾仔细擦洗键盘底座。

四、鼠标

1.认识鼠标外观

鼠标外观如图 4-118 所示。

图 4-118　鼠标外观

2. 鼠标选购

【Step1】鼠标的接口形式。选择鼠标时，必须确定所使用机器的鼠标接口与所用的鼠标接口一致。由于计算机的外设越来越丰富，端口资源日趋紧张，应该避免过多的资源浪费。因此，如果主板支持 PS/2 接口，应尽可能选购 PS/2 接口的鼠标。

【Step2】鼠标的功能。普通计算机用户：标准的两键或三键鼠标就完全能够满足常规操作。

专业用户：经常使用 CAD、3DS 等软件，一款高精度的鼠标甚至专业的轨迹球，将会使用户在精密制图场合定位精确，多键鼠标可以自定义部分按键的宏命令而使工作效率成倍提升。

上网用户或经常使用 Office 软件的用户：选择带有滚轮或类似装置的鼠标，在 Office 软件和 IE 浏览器中它会更加便于操作。

鼠标的软件可以对鼠标的标准功能做进一步的拓展，某些鼠标通过特制的驱动程序可以定义多种功能对参数进行微调，更适合个性化的需求。

【Step3】鼠标的手感。如果要长时间使用鼠标，就应该注意鼠标的手感，长期使用手感不合适的鼠标，可能会引起上肢的一些综合病症，因此鼠标的手感是相当重要的。好的鼠标应该是符合人体工程学原理设计的外形，握时感觉舒适、体贴，按键轻松而有弹性，屏幕指标定位精确。

【Step4】鼠标的价格与售后服务。对于服务，不同的品牌有不同的标准，用户可根据实际需要进行选择。

3. 光标不随着鼠标移动的解决方案

【Step1】使用鼠标垫后测试。

【Step2】请在白纸上移动鼠标，以确定是否因为使用的特殊表面导致光标不动的问题。

4. 光标抖动的解决方案（雷柏）

【Step1】请用户检测周围有无其他无线设备干扰。

【Step2】请用户检查底盖透镜孔是否有脏物。

【Step3】检查下盖与鼠标垫是否出现不平整现象，请更换其他鼠标垫。

5. 无线鼠标不能正常工作的解决方案（雷柏）

【Step1】检查设备是否开机。

【Step2】检查接收器是否已经插在主机的 USB 接口上。

【Step3】若不能识别接收器，重新拔插接收器。

【Step4】电池是否装反。

【Step5】更换新的电池。

【Step6】检查周围是否存在无线干扰。

【Step7】保持通信范围内无大的障碍物。

【Step8】如果还不能解决，建议用户登录雷柏官方网站下载雷柏产品对码驱动重新对码。

6. 调整鼠标灵敏度

【Step1】打开"控制面板"，在控制面板中选择"鼠标"选项。

【Step2】在"设备和打印机"中用鼠标右击"鼠标"选项的"设置鼠标"。

【Step3】如图 4-119 所示，在"鼠标键"中改变"鼠标双击"的速度，单击应用即可。

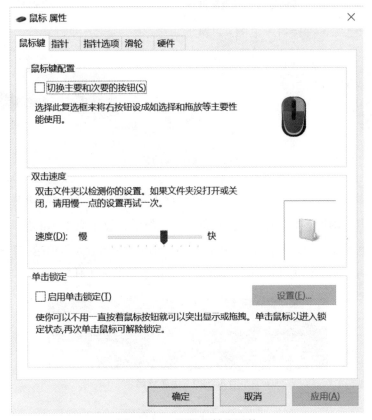

图 4-119　鼠标灵敏度调整

五、电源

计算机属于弱电产品，计算机用久了，可能会出现各种问题。例如，经常有"轰轰"的噪声；显示屏上有波纹干扰；主机经常二次启动；超频不稳定；硬盘出现坏磁道；光驱读盘性能不佳；断电数据丢失；等等。

其实，这些现象的出现都是与电源关联的，因此配备一台 UPS 是十分必要的。

1. 电源认识

【Step1】认识电源外观和内部结构（见图 4-120）。

图 4-120　电源外观和内部结构

①电源铭牌；②电源提供的各种接口；③电源散热风扇；④电源内部各部件；⑤电源输入 / 输出接口

【Step2】认识电源各种接口（见图 4-121）。

图 4-121　电源提供的各种接口

①主板电源接口；②大电源接口，为光驱、硬盘提供电源接口；③小 4 Pin 电源接口，一般为 CPU 辅助供电
接口；④6 Pin 显卡供电接口；⑤SATA（串口硬盘或光驱）供电接口

【Step3】认识电源铭牌提供的信息。如图 4-122 所示，显示出电源的最大输出功能。电源的最大功率是指电源在单位时间内电路元件上能量的最大变化量。数值越大，电源所能负载的设备就越多，特别是现在 CPU 和显卡等主要配件对供电量的要求比较高。

交流输入（AC INPUT）	115-240V-, 10-5A,60-50Hz				
直流输出 （DC OUT PUT）	+3.3V	+5V	+12V	-12V	+5Vsb
	22A	18A	54A	0.3A	2.5A
峰值输出功率 （MAX.POWER）	130W		648W	3.6W	12.5W
额定输出功率	700W	峰值功率800W			

图 4-122　电源铭牌

【提示】

　　一般 P4 或 AM2 闪龙平台，功率选择 250 W 以上即可；双核平台或者高性能显卡功率一般在 300 W 以上。

2. 电源选购

【Step1】掂电源的重量：这是最简单同时是最准确的选购标准。

【Step2】确定电源与机箱的匹配：这里指的主要是功率的匹配，因为目前计算机的能耗都比较大。

【Step3】注意电源认证，如 3C 认证。

3. 电源维护

【Step1】拆卸电源盒。电源盒一般是用螺钉固定在机箱后侧的金属板上，拆卸电源时从机箱后侧拧下固定螺钉，即可取下电源。有些机箱内部若有电源固定螺钉也应当取下。电源向主机各个部分供电的电源线也应该取下。

【Step2】开电源盒。电源盒由薄铁皮构成，一般是凸形上盖扣在凹形底盖上用螺钉固定，取下固定螺钉，将上盖略从两侧向内推，即可向上取出上盖。

【Step3】为电路板和散热片除尘。取下电源上盖后即可用油漆刷（或油画笔）为电源除尘，固定在电源凹形底盖上的电路板下常有不少灰尘，可拧下电路板四角的固定螺钉取下电路板为其除尘。

【Step4】风扇除尘。电源风扇的四角用螺钉固定在电源的金属外壳上，为风扇除尘时先卸下这四颗螺钉，取下风扇后即可用油漆刷为风扇除尘。风扇也可以用较干的湿布擦拭，但注意不要使水进入风扇转轴或线圈中。

【Step5】给风扇加油。风扇使用一两年后，转动的声音明显增大，大多是轴承润滑不良造成的。

①用小刀揭开风扇正面的不干胶商标，可看到风扇前轴承（国产的还有一个橡胶盖，需撬下才能看到），在轴的顶端有一卡环，用镊子将卡环口分开，然后将其取下，再分别取下金属垫圈、塑料垫圈。

②为风扇加油时，先用手指捏住扇叶往外拉出，此时前后轴承都一目了然。

③将钟表油分别在前后轴承的内外圈之间滴上2~3滴（油要浸入轴承内），重新将轴插入轴承内，装上塑料垫圈、金属垫圈、卡环，贴上不干胶商标，再把风扇装回机器。

稳压电源、CPU、打印机风扇应每年加油一次，以减小噪声，提高工作效率，同时减少轴承的磨损。

4. 正确使用 UPS

【Step1】阅读 UPS 说明书，了解使用条件和接线方法。

【Step2】确定正确负载匹配。在匹配功率时要尽量留有余量，如 1 000 W 的 UPS 按 80% 负载率即 800 W 去配负载，1 000 V·A 的 UPS 按 80% 换算成 800 W 再按 80% 负载率即 640 W 匹配负载。

【Step3】不要经常开关机。UPS 要长期处于开机状态（建议星期一至星期五 24 h 开机，星期六关机）。

【Step4】开机时先打开 UPS，稍后（最好的习惯是滞后 1~2 min 让 UPS 充分进入工作状态）再开通负载电源开关，并且负载开关是一个一个开通，关机时则倒过来，先一个一个关掉负载电源开关。UPS 内电池是有可能耗尽或接近耗尽的，为补偿电池能量和提高电池寿命，UPS 要进行及时的连续充电，一般不少于 48 h（可以带负载，也可以不带负载），以避免由于电池衰竭而引起故障，增加不必要的麻烦和损失。

【Step5】定期充电与放电。

六、机箱

机箱的结构、材质、尺寸、防辐射、散热、外观是机箱选择需要注意的因素。

1.机箱的作用

机箱的作用大致相当于房子对于家庭，具备以下几方面作用。

（1）表现计算机形象。

（2）保护、屏蔽、防尘。

机箱起保护主机内部组件的作用，因此必须做得坚固、严密。由于有时必须承受显示器的重压和运输、使用中的种种损坏等，因此还必须具有一定的整体刚度、抗冲击和抗变形能力。为避免内部温度过高而发生故障，设计时还要考虑解决通风、散热问题。为避免外界电磁场对主机的干扰以及主机对外界和人体的电磁辐射，机箱的保护作用还表现在它具有电磁屏蔽性，这也同时使主机泄密的可能性大大减小。

（3）固定配件。为牢固、可靠、容易地安装主机板、扩展卡、硬盘、软驱、电源和光驱等硬件提供依托等任务。

（4）提供计算机操作的接口。机箱配备电源开关、复位开关、扬声器、前置USB接口和音箱接口。

（5）提供指示系统。显示的内容包括电源、硬盘等指示灯。

（6）提供冗余接口。一般要预留主机与键盘、打印机等外部设备和网络间的通信口，同时还要考虑以后的升级、发展预留余地。

2.认识机箱外观和内部结构

机箱外观和内部结构如图4-123所示。机箱结构各部件图示和含义，见表4-8。

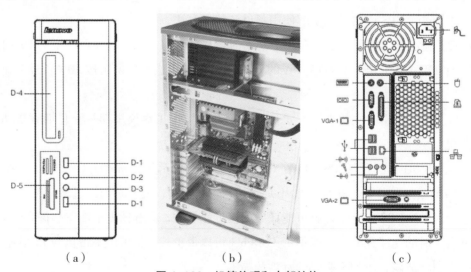

（a） （b） （c）

图4-123 机箱外观和内部结构

（a）机箱前视图；（b）机箱内部结构；（c）机箱后视图

表 4–8 机箱结构各部件图示和含义

图 示	含 义
D–1	前置 USB 接口：用于接 USB 设备
D–2	麦克风接口：接麦克风，可以将麦克风接收的声音输入电脑
D–3	前置音箱或耳机接口：接音箱或者耳机，需要接耳机时，将音箱接头拔下，换上耳机接头
D–4	光驱
D–5	读卡器：可以读取 MS、MS PRO、MS Duo、SD、MMC、SM、CF、MD 等类型的存储卡（非必须）
	220 V 电源接口：用于向主机供电
	PS/2 鼠标接口：用于接 PS/2 接口的鼠标
	PS/2 键盘接口：用于接 PS/2 接口的键盘
	串行口：用于接串行接口设备（COM 口）
	并行口：用于接并行接口设备，如打印机
VGA-1	板载显卡接口：用于输出显示器的信号（VGA 信号），接显示器的信号线（在接有外接显卡的机型上，板载显卡信号被屏蔽，没有 VGA 信号输出）（部分机型有此接口）
	USB 接口：用于接 USB 设备
	网卡接口：可以连接局域网或用于连接宽带上网设备
VGA-2	外接显卡接口：用于输出显示器的信号（VGA 信号），接显示器的信号线，显卡如果附加有 S 端子接口，通过连线与电视相连，可以将电脑的画面转换到电视上播放
DVI	DVI 接口（部分机型外接显卡有 DVI 接口）：用于输出给显示器的信号，接 DVI 接口的数据线
	音频输入接口：用于将音频输入计算机
	音频输出接口：接音箱或者耳机
	麦克风接口：接麦克风，接收来自麦克风的音频

3. 选购机箱

【Step1】考虑机箱的"适用主板规格"。这里所强调的规格只有一个部分需要注意，那就是"适用主板规格"。目前，主板最常见的就是 ATX、Micro-ATX，以及 BTX，最少见的是 Micro-BTX，建议选择完全支持以上几种主板规格的机箱，否则至少要能够支持 ATX 和 Micro-ATX。

主板的大小尺寸直接关系机箱的选择，选择超薄的或小机箱不便于大主板的安装与热量的释放。因此，选择机箱时必须考虑主板和各配件的机箱空间使用。

【Step2】机箱外观。就外观而言，外表经过镜面、圆滑、烤漆等处理过的虽然外形比较美观，但容易留下指纹（镜面最严重），其中烤漆处理的外表是兼具好看又不留指纹的代表。

主要要求是机箱外观不粗糙，同时机箱的边缘要垂直，一般的机箱都已经做到了这些要求。

【Step3】机箱的设计。设计方面：若是放在客厅，建议选择卧式造型的机箱，不但能与其他视听设备互相搭配，而且大方不落俗套。同时，还要注意多媒体输出／输入端口位置，若是立式机箱，则最好是在前方顶端；相反，若是卧式机箱，则在中间以上的位置会比较方便连接。

在散热方面，散热风扇内置的越多越好，其次是设有散热孔才能有效帮助机箱内散热与空气流通。对于配件，所有固定用的螺钉最好都是十字螺钉或免工具型的，可缩短组装的时间。

【Step4】验证机箱内外质地。初次验证：通常先采取一掂和三按。一掂，掂分量，即用手试重，这不能作为唯一的标准，但实践中比较有效；三按，一按铁皮是否凹陷，二按铁皮是否留下按印，三按塑料面板是否坚硬。

安装与拆卸验证：亲手拆装侧板，看侧板的拆装是否顺畅，按照常规卡槽设计的机箱侧板在安装时有些费力，但也可作为合格产品。真正拆装方便的机箱一般价格也较贵。

【Step5】观看机箱内部布局是否合理。机箱内部布局的合理是机箱选择的重要项目，包括电源、光驱、硬盘、挡板、面板等的位置，以及安装易用程度。

综合以上几点，用户即可挑选出最符合需求的机箱。

4. 机箱日常维护

【Step1】断电。

【Step2】外部清洁。先从机箱的外观开始着手，用 3M 擦拭布，将外表上看到的灰尘、指纹等擦拭干净。

【Step3】清洁散热风扇。将擦拭好的机箱外壳搁置在一旁，用小刷子或皮老虎将散热风扇上的灰尘去除，以确保风扇正常运行。

【Step4】清洁机箱内部杂物。用皮老虎清洁机箱内角落处，必要时可用 3M 擦拭布或是棉签进行清理。

简答题

1. 简述主板的选购策略。

2. 简述 CPU 的选购策略。

3. 简述如何清洗 CPU 风扇。

4. 简述检测网络故障命令 Ping 的使用。

5. 连接好线路之后，如果指示灯不亮，应该如何排查？

6. 只用一根网线、两台计算机，如何实现两台计算机之间的文件传送？

7. 如何查看 USB 设备电流量？

8. 请给出显示器字体发虚的解决办法。

9. 请给出显示器开机无显示的几种成因分析。

10. 显示卡和内存有问题与电脑开机都是黑屏的，如何区分？

11. 简单说明扫描仪安全锁的作用。

12. 如何解决鼠标手感过"飘"的问题？

13. 简述机箱电源选购的关注点。

14. 简述日常 UPS 电源的习惯性维护操作。

第五章

计算机安全与选购

第一节　数据备份/恢复

一、硬盘数据的保护与恢复

1.硬盘数据保护常识

（1）硬盘读取数据时不要断电。

（2）计算机开机状态下不要搬动机箱。

（3）定期备份重要数据，并且备份数据后要确认备份的数据是否完整。

（4）计算机必须放置在以下条件的地方：温、湿度合适的地方；清洁的地方；没有震动的地方。

（5）当计算机出现故障时请专业人士进行维修，以免发生不必要的损坏。

（6）请慎重使用分区、磁盘修复等磁盘操作软件。

（7）要经常使用杀毒软件，并且确保定期升级。

（8）当丢失数据时，不要随意使用数据恢复等软件，以免恶化损伤程度。

（9）建议使用 UPS 确保供电正常，防止计算机突然断电引起对硬盘的损伤。

（10）硬盘出现"嘎嘎"响声时尽量不要开机，应立即向专业人士请教。

（11）一般情况下不要打开机箱外壳。

2.数据恢复基本常识

（1）数据可以恢复的原理。误删除文件一般存储在硬盘、U 盘、内存卡等存储设备的扇区中，其他程序不能改变已经存有文件数据的扇区。删除或格式化操作只改变文件系统关键字节，使操作系统看不到文件，这个时候文件数据还是存在的。但是，由于操作系统认为文件已经删除，这个文件数据所在的区域也就没有操作系统的"保护"，任何数据的写入都有可能覆盖文件数据所在区域。

在文件数据被覆盖之前，文件可以被恢复，文件数据一旦被覆盖，将完全无法恢复。如果文件的一部分被覆盖掉，则整个文件被损坏。损坏的文件能恢复到什么程度与文件格式及损坏程度有关。

（2）误删除的数据恢复：删除是对文件的元数据做了改动或删除标记，被删除的文件所占用的空间不会发生任何变化。因此，误删除的文件只要不被新的数据覆盖就可以完美恢复。

（3）误分区后的数据恢复。误分区是指删除原有分区并重建新分区。执行分区操作只对分区表进行操作，不会破坏分区内数据。因此，如果只是做了分区操作而并没有进行格式化操作，数据可以完整恢复。如果分区后格式化了新的分区，可能对数据造成小部分破坏，大部分数据还是可以恢复出来的。

（4）误格式化的数据恢复。误格式化情况比较复杂，要看格式化前所使用的文件系统是FAT格式还是NTFS格式，并且与格式化操作时的两种格式有关系，对数据恢复来说，虽然恢复过程复杂，但还是可以恢复的。

（5）误克隆的数据恢复：误克隆是使用Ghost软件误克隆分区（多个分区误操作后变成一个分区），或克隆到别的分区使数据丢失等。对于数据恢复也分为两种情况，少数情况有可能无法恢复，大多数情况能够恢复全部的数据。

（6）病毒感染的数据恢复：不是很严重的病毒感染所造成的数据丢失，比较简单，可以恢复全部数据。但有些病毒不但更改数据，而且对数据加密，这样恢复出来的数据会有部分缺失。

（7）数据丢失后的注意事项。文件丢失后，请不要直接操作丢失文件所在分区；文件丢失之后，应立即停止向原分区写入任何数据，最好立即停止对该分区进行任何操作（若写入数据，则系统会随机写入数据到系统认为是空闲的扇区中，从而导致"已删除文件"被二次破坏，完全不可恢复）；请不要将数据恢复软件下载或安装到用户需要恢复的分区；下载和安装数据恢复软件时，不要下载或安装到用户有数据需要恢复的分区，以免造成数据二次破坏；严禁将扫描到的文件恢复到用户有数据需要恢复的分区（如丢失的是D盘的文件，那么禁止恢复到D盘）；文件只允许恢复到原分区之外的分区，因为恢复文件等于是给磁盘写入新的文件，如果恢复到原来的分区，极有可能造成文件二次破坏。如果丢失的文件位于操作系统所在的分区（操作系统通常是位于C分区），最好立即关闭计算机供电（关机时操作系统会写入大量数据到系统盘，导致丢失的文件数据被破坏，因此需要直接关闭电源），然后将硬盘接到另外一台电脑上进行文件恢复。如果用户暂时找不到第二台电脑，可以为原来的电脑制作U盘启动盘，启动到PE系统，然后进行数据恢复操作；文件丢失之后不要进行磁盘检查，一般情况下，文件系统或者操作系统出现错误之后，操作系统开机进入启动画面时会提示是否进行磁盘检查，默认10 s之内用户没有操作就会进行DskChk磁盘检查。DskChk磁盘检查可以修复一些微小损坏的文件目录，但是更多的是会破坏原来的数据，极有可能造成文件永久性丢失。因此，在重启系统提示是否进行DskChk磁盘检查时，一定要在10 s之内按任意键跳过检查，进入操作系统；不要格式化需要恢复的分区，当遇到提示格式化时，一定不要格式化，以免造成数据二次破坏；很多盗版数据恢复软件破解不完全，不能升级到最新版本，没有官方技术支持，甚至含有病毒；软件有价但数据无价，为了用户的数据安全，请务必使用正版软件；请保持读卡器、USB设备接触良好，请使用高质量的读卡器，保持USB设备的良好连接，移动硬盘的稳定供电。如果是台式电脑，建议将USB设备直接插在电脑机箱后面；请勿使用盗版数据恢复软件。

3. 如何恢复相机、摄像机拍摄的 MOV、MP4、MTS 视频

相机、摄像机等设备录制的视频，由于视频文件特别大，极易产生文件碎片，因此需要专业视频恢复软件恢复。

二、硬盘数据的备份

1. 用 Ghost 备份系统盘

【Step1】备份前的准备。将系统调整到最佳运行状态：升级最新系统补丁、删除不用文件、清空回收站，进行病毒木马等扫描与清除、碎片整理、磁盘扫描。

【Step2】运行 Ghost 软件。Ghost 运行界面如图 5-1 所示。

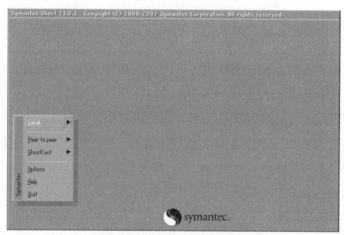

图 5-1　Ghost 运行界面

【Step3】打开 Local 子菜单，如图 5-2 所示，选择 Local 项，下面 Disk、Partition、Check 几个子菜单。

图 5-2　Local 子菜单

【Step4】打开 Partition 子菜单，如图 5–3 所示。

Local
Peer to peer
GhostCast
Options
Help
Quit
Symantec
Action
Disk
Partition
Check
Partition
To Partition
To Image
From Image

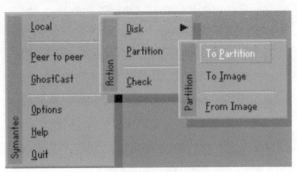

图 5–3　Partition 子菜单

【Step5】选择“To Image”项，再选择要备份的分区所在的物理硬盘，如图 5–4 所示。

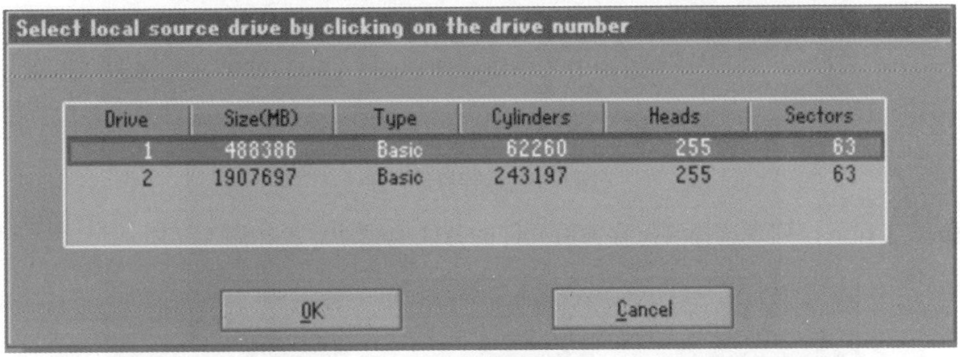

Select local source drive by clicking on the drive number
Drive　Size(MB)　Type　Cylinders　Heads　Sectors
1　488386　Basic　62260　255　63
2　1907697　Basic　243197　255　63
OK
Cancel

图 5–4　选择硬盘

硬盘分区信息如图 5–5 所示。

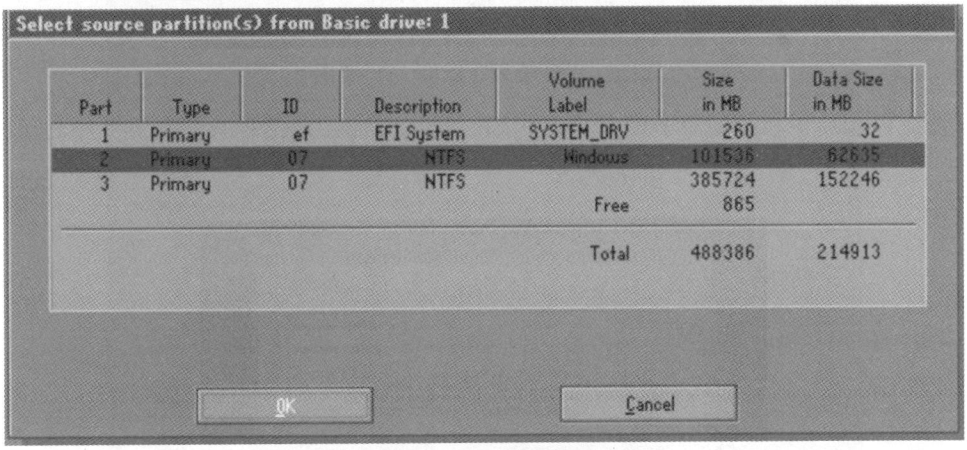

Select source partition(s) from Basic drive: 1
Part　Type　ID　Description　Volume Label　Size in MB　Data Size in MB
1　Primary　ef　EFI System　SYSTEM_DRV　260　32
2　Primary　07　NTFS　Windows　101536　62635
3　Primary　07　NTFS　385724　152246
Free　865
Total　488386　214913
OK
Cancel

图 5–5　硬盘分区信息

【Step6】选择要备份的 C 盘分区，然后单击“OK”按钮，出现如图 5–6 所示的保存备份文件对话框。

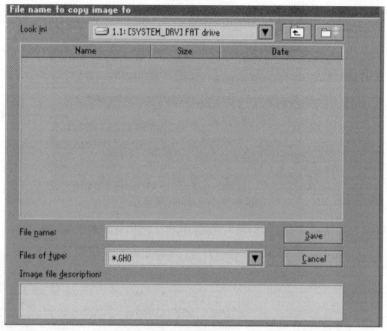

图 5-6　保存备份文件

【Step7】在下拉列表选择要保存备份文件的分区或驱动器，如图 5-7 所示。

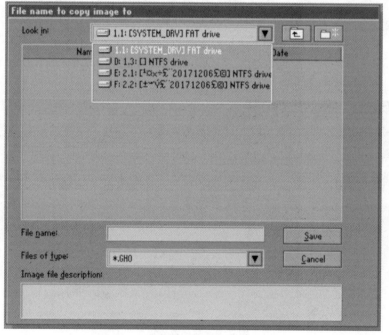

图 5-7　选择分区

在"File name"栏内输入备份文件的名字，如图 5-8 所示，然后单击"Save"按钮。

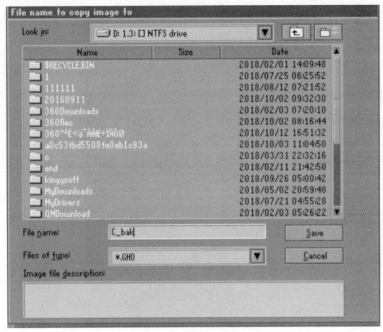

图 5-8 输入备份文件名

程序提示是否要压缩备份，以节省空间，如图 5-9 所示。

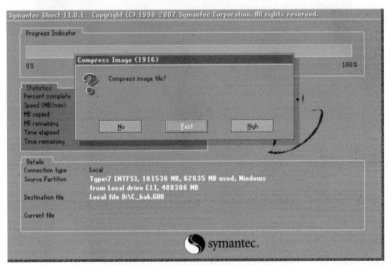

图 5-9 提示是否要压缩备份

【Step8】单击 "Fast"，程序要求进一步确认是否要进行分区备份，如图 5-10 所示，并在背景界面显示本次操作的信息。其中，Source Partition 为源分区，即需要备份的分区；Desitination file 为目的文件，即备份后得到的那个文件。确认后单击 "OK" 按钮。

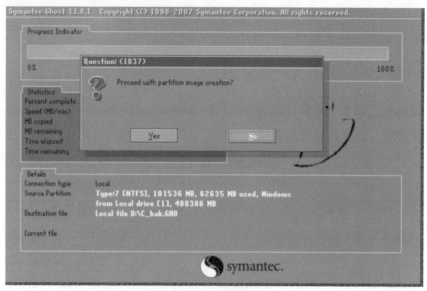

图 5-10　Ghost 选项

【Step9】备份完毕的界面如图 5-11 所示。程序显示备份的情况，如备份的分区信息、备份的速度、备份所用的时间、备份的文件名等。

图 5-11　备份完毕

2. 使用 Ghost 恢复系统

【Step1】准备 Ghost 备份启动盘。既可以是光盘或 U 盘，也可以是支持启动的移动存储设备，如移动硬盘。

【Step2】用启动盘启动计算机。

【Step3】启动 Ghost 软件，如图 5-1 所示。

【Step4】打开菜单，如图 5-12 所示，单击 "Local" "Partition" "From Image"，单击 "From Image"。

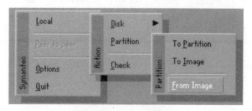

图 5-12　打开菜单

【Step5】选择需要恢复的备份文件，如图 5-13 所示，鼠标单击"Open"。

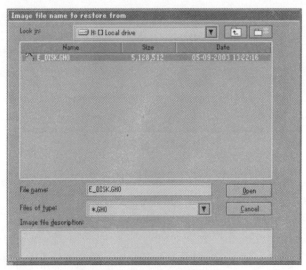

图 5-13　选择需要备份的文件

【Step6】选择要恢复的硬盘，如图 5-14 所示，单击需要恢复到的硬盘，单击"OK"。

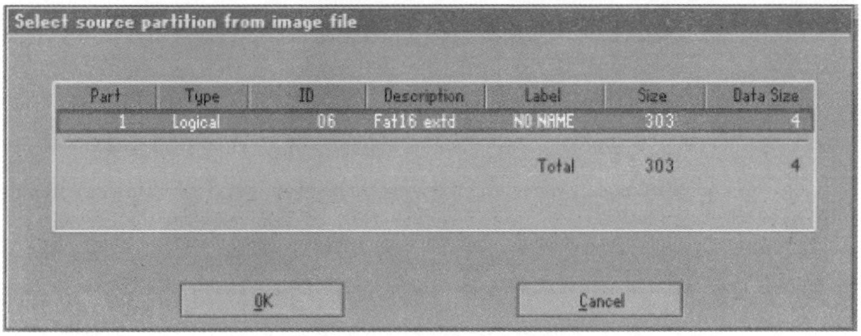

图 5-14　选择恢复到的硬盘

【Step7】选择要恢复的分区，如图 5-15 所示，单击需要恢复到的分区，单击"OK"。

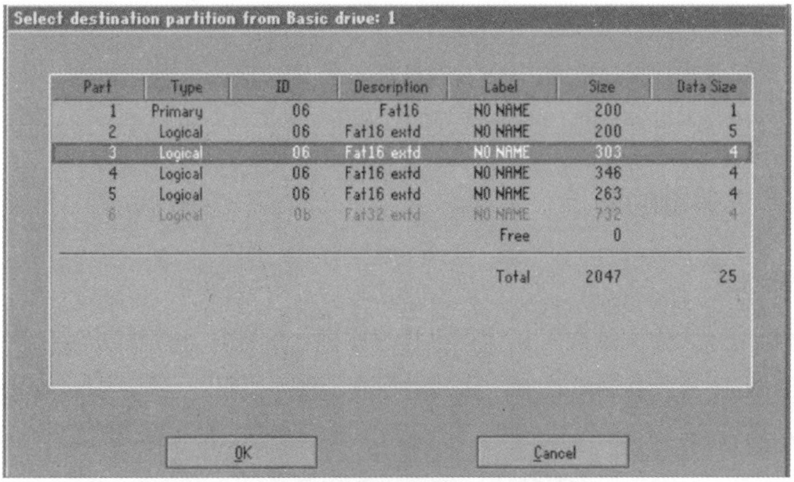

图 5-15　选择恢复到的分区

【Step8】最后确认，如图 5-16 所示，单击"Yes"开始恢复，单击"No"则取消本次操作。

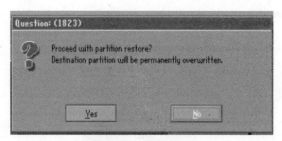

图 5-16　最后确认

【注意】

用 Ghost 软件恢复系统时，请勿中途终止，如果在恢复过程中企图重新启动计算机，那么将无法启动；同样，用 Ghost 备份系统时也不要中途终止，如果终止了，那么在目标盘上将出现大量文件碎片。因此，在运行 Ghost 软件之前，应确保计算机在备份期间不要断电。

【Step9】恢复成功，如图 5-17 所示，恢复成功"Clone Completed Successfully"，单击"Reset Computer"。

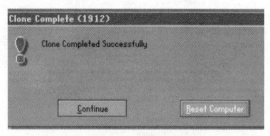

图 5-17　恢复成功

第二节　病毒的防治与清除

病毒是指编制者在计算机程序中插入的破坏计算机功能或者破坏数据，影响计算机使用并且能够自我复制的一组计算机指令或者程序代码。

一、计算机病毒的防治

1. 病毒的含义

计算机病毒是指人为编制或者在计算机程序中插入的破坏计算机功能或者毁坏数据，影响计算机使用，并能自我复制的一组计算机指令或者程序代码。

2. 病毒的执行过程

病毒程序代码是一些具有破坏性的指令，依附于某些存储介质（传染源）上，当被执行

（传染）时，通过传染介质（计算机网络、U 盘等），病毒把自己传播到其他计算机系统、程序。病毒先把自己拷贝（自我复制）在其他程序或文件中，当这个程序或文件执行（病毒激活）时，计算机病毒就会包括在指令中一起执行，进行各种破坏活动，表现出各种症状。

根据病毒制造者的动机，这些指令可以做出任何事情，包括显示一段信息、删除文件或改变数据，甚至破坏计算机的硬件。

【注意】

有些情况下，计算机病毒并没有破坏具体文件，而是占据磁盘空间、CPU 时间或网络的连接。

3. 计算机病毒的表现

计算机病毒的表现各种各样：破坏系统、文件和数据；窃取机密文件和信息；造成网络堵塞或瘫痪；引导时出现死机现象或计算机运行中频繁出现死机现象；程序载入的时间变长；计算机运行速度变慢；开机后出现陌生的声音、画面或提示信息，以及不寻常的错误信息或乱码；系统内存或硬盘的容量突然大幅减少；屏幕出现一些莫名其妙的图形、雪花、亮点等；蜂鸣器发出异常声响；磁盘文件变长，文件属性、日期、时间等发生改变；系统自动生成一些特殊文件；文件莫名其妙丢失或文件内容改变；平时能运行的文件无法正常工作；正常外部设备无法使用；等等。

"熊猫烧香"的典型特征：被感染的用户系统中所有 .exe 可执行文件全部被改成熊猫举着三根香的模样，如图 5-18 所示。

图 5-18　熊猫烧香病毒表征

"熊猫烧香"的危害：感染系统中 .exe、.com、.pif、.src、.html、.asp 等文件，中止大量的反病毒软件进程，同时会删除扩展名为 .gho 的文件。

4. 计算机病毒的类别

（1）引导型病毒。引导型病毒藏匿在软盘或硬盘的第一个扇区，即平常所说的引导扇区（Boot Sector）。引导型病毒通过引导动作而侵入内存，若用已经感染的磁盘引导，那么病毒将立即感染硬盘。因为 DOS 的设计结构使引导型病毒可以于每次开机时，在操作系统还没有被载入之前就被载入内存中，这个特性使病毒可以针对 DOS 的各类中断（Interrupt）得到完全控制，并且拥有更大的能力进行传染与破坏。

引导型病毒又可以分为传统引导型病毒、隐型引导型病毒、目录型引导病毒。

①传统引导型病毒。传统引导型病毒大多由软盘传染，进入计算机后再伺机传染其他文件，最有名的例子是"米开朗琪罗"病毒。

②隐型引导型病毒。隐型引导型病毒感染的是硬盘的引导扇区，它伪造引导扇区的内容，使杀毒软件以为系统是正常的。

③目录型引导病毒。目录型引导病毒只感染计算机的文件分配表（FAT），一旦文件分配表被破坏，则计算机中的文件读写就会不正常，甚至丢失文件。

（2）文件型病毒。文件型病毒通常寄生在可执行文件（如 .com、.exe 等）中。当这些文件被执行时，病毒的程序就跟着被执行。文件型的病毒根据传染方式的不同，又可分为非常驻型、常驻型和隐型文件型三种。

①非常驻型病毒（Non-memory Resident Virus）。非常驻型病毒将自己寄生在 .com、.exe 或 .sys 文件中。当这些中毒的程序被执行时，就会尝试传染给另一个或多个文件。

②常驻型病毒（Memory Resident Virus）。常驻型病毒躲在内存中，往往对磁盘造成更大的伤害。一旦常驻型病毒进入内存中，只要可执行文件被执行，它就会对其进行感染动作。将它赶出内存的唯一方式就是冷开机（完全关掉电源之后再开机）。

③隐型文件型病毒。隐型文件型病毒会把自己植入操作系统中，当程序向操作系统要求中断服务时，它就会感染该程序，并且无明显感染迹象。

（3）复合型病毒（Multi-Partite Virus）。复合型病毒兼具引导型病毒和文件型病毒的特性。它们既可以传染 .com、.exe 文件，也可以传染磁盘的引导扇区（Boot Sector）。由于这个特性，因此这种病毒具有相当程度的传染力。例如，欧洲流行的 Flip 翻转病毒就是如此。

（4）变体型病毒（Polymorphic/Mutation Virus）。变体型病毒的可怕之处在于，每当它们繁殖一次，就会以不同的病毒码传染到别的地方去。每一个被病毒感染的文件中，所含的病毒码都不一样，对扫描固定病毒码的杀毒软件来说，这无疑是一个严峻的考验。例如，Whale 病毒依附于 .com 文件时，几乎无法找到相同的病毒码，而 Flip 病毒则只有 2 字节的共同病毒码。

（5）宏病毒（Macro Virus）。宏病毒是目前最热门的话题，它主要是利用软件本身所提供的宏能力设计病毒，因此凡是具有写宏能力的软件都有宏病毒存在的可能，如 Word、Excel、AmiPro 都相继传出宏病毒危害的事件。

5. 计算机病毒的传播途径

计算机病毒的传播主要通过以下途径进行。

（1）U盘。通过使用外界被感染的软盘，机器可能感染病毒发病，并传染给未被感染的"干净"的 U 盘。大量的 U 盘数据交换，合法或非法的程序拷贝，随便使用各种软件造成了计算机病毒的广泛传播。盗版光盘上的软件和游戏与非法拷贝是目前传播计算机病毒的主要途径。

（2）硬盘。通过硬盘传染也是重要的渠道。例如，硬盘向软盘上复制带毒文件，带毒情况下格式化软盘，向光盘上刻录带毒文件，硬盘之间的数据复制，以及将带毒文件发送至其他地方等。

（3）网络。这种传染途径病毒扩散极快，是目前病毒传染的主要方式，能在很短的时间内传遍网络上的机器，主要通过下载染毒文件和程序与电子邮件等使计算机病毒在网络上广泛传播。

6.计算机病毒的防治

计算机病毒的防治包括两个方面：一是预防；二是清除。预防胜于治疗，因此预防计算机病毒对保护计算机系统免受病毒破坏是非常重要的。但是，如果计算机真的被病毒攻击，清除病毒是不可忽视的。

（1）计算机病毒预防的措施。以预防为主，堵塞病毒的传播途径。计算机病毒的预防应从两方面入手：一是从管理上防范；二是从技术上防范。管理上应制定严格的规章制度，技术上可利用防病毒软件和防病毒卡担任在线病毒警戒，一旦发现病毒，立即报警。另外，要注意对硬盘上的文件、数据定期进行备份，具体如下。

①使用正版操作系统软件和应用软件，及时升级系统补丁程序。提倡尊重知识产权的观念，不要使用盗版软件，只有这样才能确实降低使用者计算机中发生中毒的机会。

②重要的资料经常备份。毕竟杀毒软件不能保证完全还原中毒的资料，只有靠自己的备份才是最重要的。

③制作一张紧急修复磁盘。磁盘要求干净并可引导，DOS的版本要与硬盘操作系统的相同。

制作方法：利用操作系统本身或工具软件，做一张紧急修复盘，并将紧急修复磁盘写保护。

④不浏览不熟悉的网站；不要随便使用来路不明的文件或磁盘；对于不了解的邮件（尤其是带有附件的），尽量避免打开；使用Word、Excel和PowerPoint时，将"宏病毒防护"选项打开；在IE或Netscape等浏览器中设置合适的因特网安全级别；使用即时通信软件（MSN、QQ）时，不增加不熟悉的联系人。

使用前，先用杀毒软件扫描以后再用。随时注意文件的长度和日期，以及内存的使用情况。

⑤避免使用U盘开机，尽量从硬盘引导系统。在CMOS中取消使用U盘开机，准备好一些防毒、扫毒、杀毒软件，并且定期使用。

⑥尽量做到专机专用、专盘专用；重要的计算机系统和网络一定要严格与互联网物理隔离。

⑦在计算机和互联网之间安装使用防火墙，提高系统的安全性；计算机不使用时，不要

接入互联网。

⑧建立正确的病毒基本观念，了解病毒感染、发作的原理，提高警觉性。

⑨学习中毒后数据的恢复，如利用杀毒软件提供的数据恢复与抢救功能。

⑩选择、安装经过权威机构认证的防病毒软件，经常升级杀毒软件、更新计算机病毒特征代码库，以及定期对整个系统进行病毒检测、清除工作，并启用防杀计算机病毒软件的实时监控功能。

（2）计算机病毒的清除方法。

①关闭电源，断开网络物理连接（即将网线从网卡中拔出，由于目前网络病毒很多，杀毒中新的病毒的进入和蔓延随时存在，因此这一项规范是非常重要的）。

②以干净的引导盘开机（一般杀毒软件都带有启动计算机的 U 盘或光盘）。

另外，也可以选择在安全模式下开机，即启动时按"F8"键进入安全模式。

③备份数据。计算机感染了病毒，清除病毒即可。但是在清除病毒过程中及之后必须做有用数据的备份工作。因为计算机中的数据对用户的工作、学习和娱乐来说是非常重要的，应该尽可能保护。而备份是一种较为有效的方法。建议备份的数据包括用户创建的 Word、Execl 等文档，重要的财务数据，以及股票软件所产生的相关数据等。

一般数据的备份方法，只需要通过系统中的复制、粘贴功能将所需要的数据备份到 U 盘等其他存储设备中即可，专有程序数据请专业人员完成备份（如 SQL 数据库）。

④用杀毒软件扫描病毒。

⑤若检测到病毒，则清除、隔离（重要数据感染的必须先隔离，以保证数据安全）或删除它。

a. 清除病毒：是默认的方式，杀毒软件将被感染文件中的病毒代码清除。

b. 隔离（不处理）：是由于防病毒软件认为文件已经被病毒感染但是无法清除病毒，杀毒软件会将此文件进行隔离（有的会有提示），即将该文件放入特定的文件夹中，并且停止使用该文件。对于隔离区中的文件，若用户确认无病毒，可以单击恢复将文件恢复到原有位置并可以正常使用，也可以将文件发送给杀毒厂商，以确认是否真正存在病毒。

c. 删除染毒文件：是三种处理方式中最彻底并且最有危险性的操作，杀毒软件一般将认为被病毒感染放入隔离区中，此时若用户确认该文件的病毒无法清除，同时确认对用户的计算机系统或者应用程序来说是无用文件，用户可以选择删除文件，彻底清除病毒。

⑥用紧急修复盘或其他方法救回资料。

⑦查杀病毒后的工作。经常更新防毒软件的病毒库，以建立完善坚固的病毒防护系统；升级 Windows 补丁程序；若通过防病毒软件查杀病毒后，发现病毒依然存在或未完全被清除，这时用户可能要寻求防病毒软件厂商的帮助，访问相关软件厂商的网站，查询该病毒是否有专杀工具。若有专杀工具，按照专杀工具的方法查杀病毒。若专杀工具无效或者没有专杀工具，此时清除病毒的最简单方法是重新安装操作系统（最好重新分区格式化，重新安装

操作系统）；若出现某个应用程序无法使用，则需重新安装此应用程序；如果病毒破坏了系统的核心文件，可能造成系统运行不稳定、蓝屏死机等，则需要重新安装操作系统，做好日志工作。

二、计算机病毒的清除

1. 使用计算机病毒专杀工具——Funlove 病毒专杀工具（tools）

【Step1】准备杀毒。

①网络用户在清除该病毒时，首先要将网络断开。

②取消共享文件夹。

③不使用其他应用程序。

【Step2】用 U 盘（干净介质）引导系统，用单机版杀毒软件对每一台计算机分别进行病毒的清除工作。

【Step3】启动 Windows 环境，运行 KillFunlove.exe 程序，如图 5-19 所示，然后根据对话框上的设置选择路径进行清除，由于在 NT 下是启动 Service 进行清除工作，因此启动速度可能会比较慢，需要耐心等候。

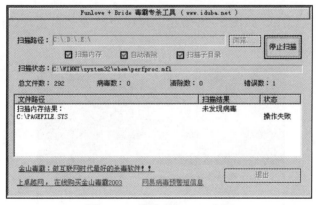

图 5-19　清除 Funlove 病毒

【Step4】KillFunlove 程序将根据选择进行清除工作，默认设置情况下将首先扫描内存，将内存中的 Funlove 病毒杀灭，然后对 Windows 所在驱动器的全部文件进行查毒，并自动清除所找到的 Funlove 病毒。

【Step5】由于在 Windows 下进行操作，可能有些文件正被 Windows 系统占用，如果出现这种情况，请依据程序提示重新启动计算机，以彻底清除 Funlove 病毒。

【Step6】在重新启动机器之后，建议再使用此程序对硬盘检查一遍，以确保没有 Funlove 病毒存留在机器中。

【Step7】若服务器端染上 Funlove 病毒，并且使用 NTFS 格式，用 DOS 系统盘启动后，找不到硬盘，则需要将染毒的硬盘拆下，放到另外一个干净的 Windows NT/2000 系统下作为从盘，然后用无毒的主盘引导机器后，使用主盘中安装的杀毒软件对从盘进行病毒检测、清除工作。

【Step8】确认各个系统全部清除病毒后，在服务器和工作站安装防病毒软件，同时启动实时监控系统，恢复正常工作。

2. 安装与使用杀毒软件

【Step1】获取防病毒软件。常见的病毒清除软件很多，常见反病毒软件见表5-1。用户可以根据自己的使用体验，决定选择病毒清除软件。本小节选择免费的360杀毒软件。

表5-1　常见反病毒软件

厂　商	类　别	标　志	网　址
symantec	国外	Norton	https：//cn.norton.com/
360杀毒	国产		http：//sd.360.cn/
瑞星	国产		http：//www.rising.com.cn/
江民	国产	JIANGMIN 江民科技	http：//www.jiangmin.com/
卡巴斯基	国外	KASPERSKY	http：//www.kaspersky.com.cn/
金山毒霸	国产	金山毒霸	http：//www.ijinshan.com/

【Step2】启动安装程序，如图5-20所示，可以更改安装目录，单击"立即安装"，如图5-21所示，开始安装。

图5-20　启动安装程序

图5-21　启动安装程序

【Step3】如图 5-22 所示，安装成功，并进行检测。

图 5-22　安装成功

【Step4】使用杀毒软件，如图 5-22 所示，可以选择"全盘扫描"或"快速扫描"对计算机进行病毒检测和清除，单击"快速扫描"，如图 5-23 所示，分别对系统设置、常用软件、内存活跃程序、开机启动项、系统关键位置进行扫描。

图 5-23　快速扫描

【Step5】扫描结果处理，如图 5-24，可以单击"暂不处理"或"立即处理"进行处理。也可以单独针对一项进行处理。

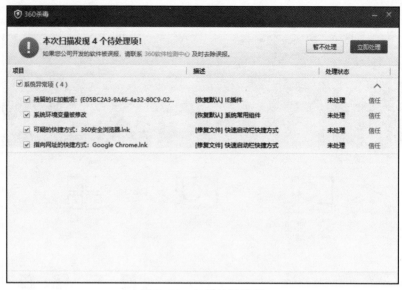

图 5-24　扫描结果处理

三、系统加固

计算机被病毒攻陷，通常是因为存在容易被病毒利用的"软肋""漏洞""缺陷"或"弱点"。

1. 端口知识

（1）端口的概念。在网络技术中，端口（Port）大致有两层含义：一是物理意义上的端口，如 ADSL Modem、集线器、交换机、路由器，或用于连接其他网络设备的接口，如 RJ-45 端口、SC 端口等；二是逻辑意义上的端口，一般是指 TCP/IP 协议中的端口，端口号的范围为 0~65 535，如用于浏览网页服务的 80 端口、用于 FTP 服务的 21 端口等。下面介绍的是逻辑意义上的端口。

（2）端口的分类。逻辑意义上的端口有多种分类标准，下面将介绍两种常见的分类。

①按端口号分布划分。

a. 知名端口（Well-Known Ports）：知名端口即众所周知的端口号，范围为 0~1 023，这些端口号一般固定分配给一些服务。例如，21 端口分配给 FTP 服务，25 端口分配给 SMTP（简单邮件传输协议）服务，80 端口分配给 HTTP 服务，135 端口分配给 RPC（远程过程调用）服务，等等。

b. 动态端口（Dynamic Ports）：动态端口的范围为 1 024~65 535，这些端口号一般不固定分配给某个服务，也就是说，许多服务都可以使用这些端口。只要运行的程序向系统提出访问网络的申请，那么系统就可以从这些端口号中分配一个供该程序使用，如 1024 端口就是分配给第一个向系统发出申请的程序。在关闭程序进程后，就会释放所占用的端口号。但是，动态端口也常常被病毒木马程序所利用。

②按协议类型划分。按协议类型划分，可以分为 TCP、UDP、IP 和 ICMP（Internet 控制消息协议）等端口。下面主要介绍 TCP 和 UDP 端口。

a. TCP 端口：传输控制协议端口，需要在客户端和服务器之间建立连接，这样可以提供可靠的数据传输。常见的 TCP 端口包括 FTP 服务的 21 端口、Telnet 服务的 23 端口、SMTP 服务的 25 端口，以及 HTTP 服务的 80 端口等。

b. UDP 端口：用户数据包协议端口，无须在客户端和服务器之间建立连接，安全性得不到保障。常见的 UDP 端口有 DNS 服务的 53 端口、SNMP（简单网络管理协议）服务的 161 端口、QQ 使用的 8000 和 4000 端口等。

（3）查看端口。在 Windows 中要查看端口，可以使用 Netstat 命令：依次单击"开始"—"运行"，键入"cmd"并按"Enter"键，打开命令提示符窗口。在命令提示符状态下键入"netstat – a–n"，按"Enter"键后就可以看到以数字形式显示的 TCP 和 UDP 连接的端口号与状态。

命令格式为 Netstat–a –e –n –o –s。

a——显示所有活动的 TCP 连接以及计算机监听的 TCP 和 UDP 端口。

e——显示以太网发送和接收的字节数、数据包数等。

n——只以数字形式显示所有活动的 TCP 连接的地址和端口号。

o——显示活动的 TCP 连接并包括每个连接的进程 ID（PID）。

s——按协议显示各种连接的统计信息，包括端口号。

2. 漏洞

漏洞是在硬件、软件、协议的具体实现或系统安全策略上存在的缺陷，从而可以使攻击者能够在未授权的情况下访问或破坏系统，是系统的弱点。

Windows 系统漏洞，是指 Windows 操作系统本身所存在的技术缺陷。系统漏洞往往会被病毒利用侵入并攻击用户计算机。Windows 操作系统供应商将定期对已知的系统漏洞发布补丁程序，用户只要定期下载并安装补丁程序，从而就可以保证计算机不会轻易被病毒入侵。

漏洞补丁：操作系统，尤其是 Windows，以及各种软件、游戏，在原公司程序编写员发现软件存在问题或漏洞，统称为 BUG，可能使用户在使用系统或软件时出现干扰工作或有害于安全的问题后，写出一些可插入源程序的程序语言，这就是补丁。

3. 记住账号

Windows 默认的账户有两个，即 Administrator 和 Guest。

（1）Administrator：管理计算机（域）的内置账户，可以用于登录系统并获得最高权限（包括添加或删除别的用户、安装特殊软件等），当系统崩溃时还可以用该账户进入调试模式恢复系统。

（2）Guest：供来宾访问计算机或访问域的内置账户。在默认情况下，没有特殊用户登录需求，Guest 账户是禁用的，如果用户仅使用管理员账号进行所有操作，建议将 Guest 账号禁用，从而降低被攻击的风险。

4.密码规则

密码是区别用户的一道重要屏障，切不可忽视，且必须遵循以下要求。

管理员用户必须设置密码；用户的密码最好由用户自己管理，但也必须有管理员管理，防止密码丢失后数据不能恢复；尽可能避免使用较容易的密码，如生日、姓名、与用户名相同等；密码的长度最好等于系统密码要求最大位数，防止密码过短而被轻易破解；使用强密码和合适的密码策略有利于保护计算机免受攻击。

弱密码：根本没有密码；包含用户名、真实姓名或公司名称；包含完整的字典词汇，如Password 就属于弱密码。

强密码：长度至少有七个字符；不包含用户名、真实姓名或公司名称；没有规则、规律，没有具体意义，一般由数字（0、1、2、3、4、5、6、7、8、9）、字母（A、B、C 等，以及 a、b、c 等）和特殊字符（`、~、!、@、#、$、%、^、&、*、(、)、_、+、-、=、{、}、|、[、]、\、:、"、;、'、<、>、?、,、.、/、）混合而成；不包含完整的字典词汇。

【注意】

满足强密码条件的不一定是最安全的密码，如 Hello2！。

另外，还可以创建包含扩展 ASCII 字符集字符的密码，使用扩展 ASCII 字符可以在创建密码时增加字符的选择范围。因此，密码破解软件破解包含扩展 ASCII 字符的密码要比破解其他密码花费更多时间。在密码中使用扩展 ASCII 字符之前，需要先对它们进行完全测试，以便确保包含扩展 ASCII 字符的密码与企业所使用的应用程序相兼容。如果企业使用几种不同的操作系统，那么在密码中使用扩展 ASCII 字符时需要特别小心。

5.关闭 135、137、138、139 和 445 端口

【Step1】通过"控制面板"打开防火墙，如图 5-25 所示。

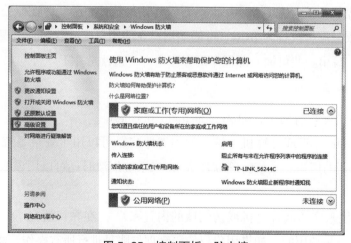

图 5-25　控制面板—防火墙

【Step2】如图 5-25 所示，单击"高级设置"，如图 5-26 所示，打开"高级安全 Windows 防火墙"窗口。

图 5-26　高级安全 Windows 防火墙

【Step3】如图 5-26 所示，单击"入站规则"，如图 5-27 所示，观察右边的"新建规则"。

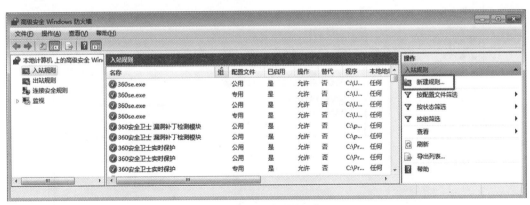

图 5-27　入站规则

【Step4】如图 5-27 所示，单击"新建规则"，如图 5-28 所示，打开"新建入站规则向导"，选择单选钮"端口"，单击"下一步"。

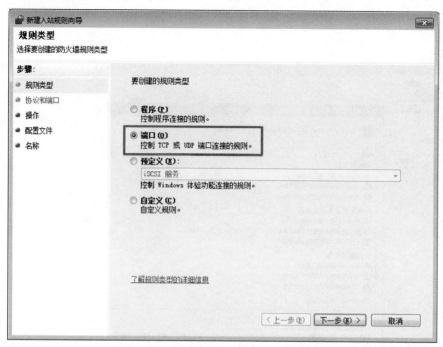

图 5-28　新建入站规则向导—规则类型

【Step5】如图 5-29 所示，指定此规则应用的协议和端口。选择该规则应用于 TCP 或 UDP，选 TCP；选择特定端口，并录入"135，137-139，445"，单击"下一步"。

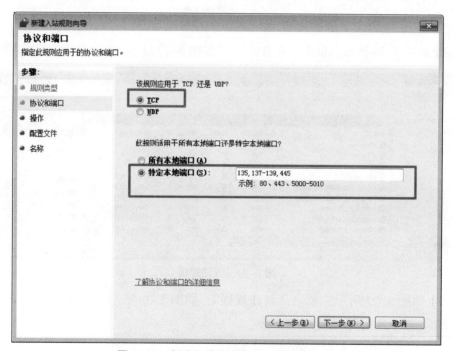

图 5-29　新建入站规则向导—协议和规则

【Step6】如图 5-30 所示，选择符合指定条件时应该执行的操作。

三种选择为允许连接、只允许安全连接和阻止连接。选择"阻止连接"，单击"下一步"。

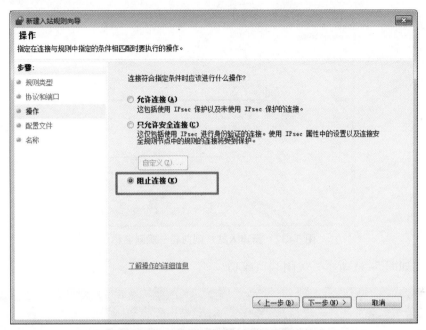

图 5-30　新建入站规则向导—操作

【Step7】如图 5-31 所示，配置文件。

选择何时应用此规则，即域、专用和公用。全部选中，单击"下一步"。

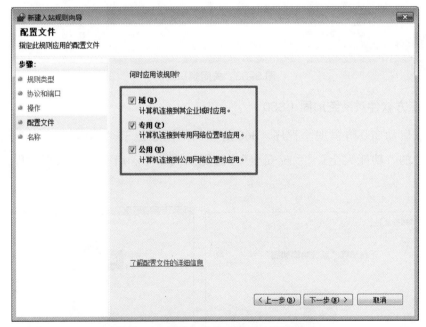

图 5-31　新建入站规则向导—配置文件

【Step8】如图 5-32 所示，指定此规则的名称和描述。

输入规则名称和描述，单击"下一步"。

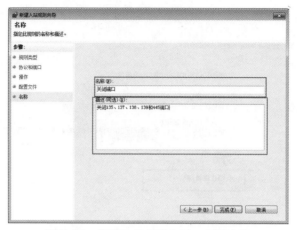

图 5-32　新建入站规则向导—规则名称

【Step9】如图 5-33 所示，关闭端口成功。

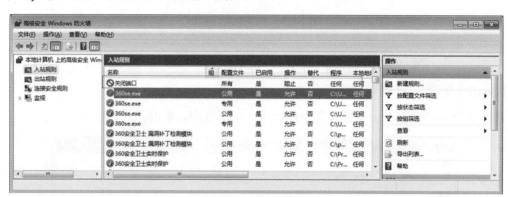

图 5-33　关闭端口成功

6. 用第三方软件对系统加固（360）

【Step1】启动 360 防黑加固程序。360 防黑加固程序位于"360 杀毒软件"（或"360 安全卫士"）中的"功能大全""系统安全""防黑加固"中。启动防黑加固软件，如图 5-34 所示。

图 5-34　启动防黑加固程序

【Step2】开始检测。如图 5-35 所示，单击"立即检测"后出现如图 5-38 所示的界面。

图 5-35　防黑加固：正在检测

【Step3】检测结果。检测过程如图 5-35 所示，检测结果如图 5-36 所示，出现"请注意！您的电脑防御黑客入侵能力很弱"。

图 5-36　防黑加固：检测结果

【Step4】立即处理。如图 5-36 所示，选择需要处理的检测项目后，单击"立即处理"，系统会出现如图 5-37 的提示。

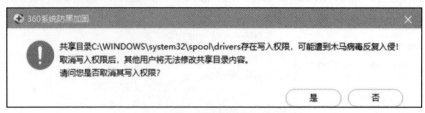

图 5-37　防黑加固项目提示

【Step5】加固完成，如图 5-38 所示。

图 5-38　加固完成

7. 用第三方软件对系统打补丁（360 安全卫士的系统修复功能）

【Step1】打开系统修复程序。如图 5-39，打开 360 安全卫士，单击"系统修复"，如图 5-40 所示。

图 5-39　360 安全卫士

图 5-40　360 安全卫士补漏洞程序

【Step2】漏洞扫描。如图 5-40 所示，鼠标移动到"单项修复"，出现如图 5-41 所示的界面，选择"漏洞修复"，如图 5-42 所示，开始扫描漏洞。

图 5-41　正在扫描漏洞

图 5-42　扫描漏洞

【Step3】漏洞修复。如图 5-43 所示，漏洞扫描结束，可以开始进行漏洞修复，如图 5-44 所示，选择需要修复的漏洞，单击"修复可选项"，开始修复，如图 5-45 所示，一般修复时间根据项目可能较长，可以单击"后台修复"。

图 5-43　漏洞扫描完成

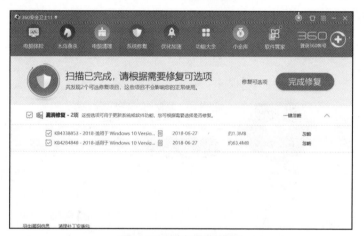

图 5-44　选择修复内容

图 5-45　开始修复

【Step4】修复完成。如图 5-46 所示，最后给出修复报告。

图 5-46　修复完成

第三节　选购指南

电脑在生活中很常见，也有很多人去买电脑。但是一到店里，却不知道买什么样的电脑。于是就叫店老板给你介绍，买回家后却发现用起来和店老板介绍的不一样。因为他们整天在市场摸爬滚打，熟知某个产品的优缺点和返修率。而我们一般看到的文章有些并不是很公正的，为了使投资正确，找个高手一起到市场上看看是很有必要的。

下面我们介绍一下计算机主板、CPU、内存、硬盘、DVD 等的选购方法。

一、主板的选购

1.根据需要选购

根据需要选购即是按需选购。例如，如果对计算机的性能要求较高，则在选择时就要选择知名品牌的主板，同时可升级性要好。如果计算机只用于学习打字、上网等简单应用，则选择集成主板即可。

2.注重性价比

在选购主板时也需要注重性价比。由于 CPU 分为 Intel 和 AMD 两大阵营，因此在选购主板时可按照性价比这个标准来划分，相对来说，Intel CPU 在兼容性和稳定性方面要好一些，整个平台组建的费用相对就要高一些，而 AMD 虽然在兼容性和稳定性方面要差一些，但性价比更高一些。

3. 升级和扩充

CPU 的换代速度比较快而主板相对稳定，也就是说主板比 CPU 有着更长的生命周期，一块好的主板应该为现在及将来的 CPU 技术提供支持，这样 CPU 升级时就不用更换主板了。计算机在购买一段时间后都会出现要添加新设备的情况。有良好的扩充能力的主板将使用户不必为插槽空间的紧缺而伤脑筋。主板的扩充能力主要体现在有足够的 I/O 插槽、内存插槽以及与多种产品兼容的硬件接口等。一般情况下，标准 ATX 主板比 Micro ATX 等小主板具有更好的升级扩充能力。

4. 注重主板的质量和服务

由于现在主板生产厂家太多，质量良莠不齐，严重影响了消费者的判断和购买，因此在选购时，最好选择品牌产品，流行的主板品牌有华硕、微星、精英、技嘉、磐英等。

二、CPU的选购

1. 注重性价比

在选购 CPU 时，性价比是非常重要的一个因素。虽然 Intel 公司的 CPU 兼容性好，但是价格普遍比 AMD 公司的 CPU 要高。

2. 根据需要选择

在选购 CPU 时，还应该根据需要进行选择。Intel 和 AMD 的 CPU 各有千秋，近年来，AMD 公司发展迅猛，并在高端市场开始与 Intel 公司相抗衡，逐步成为世界各大品牌计算机的供货商。至于选 Intel 还是 AMD，建议高性能用途选 Intel，中等性能用途两者皆可，看具体性价比，低端用途选 AMD。

3. 看包装

盒装产品中的风扇与 CPU 的匹配较好，且出厂前经过反复测试。如果价格相差不大，建议买盒装。盒装 CPU 提供了原装散热风扇，并且提供三年质保。散装 CPU，上面也会贴有经销商的质保标签，这类产品一般由经销商提供质保。

三、内存的选购

内存条是直接与 CPU 打交道的存储器，它的容量和稳定性直接关系到计算机整体性能的发挥和稳定性。

1. 内存条的品牌

平时所说的"内存条"和内存芯片实际上不是一回事，"内存条"才是常说的内存，它的制造工艺要求并不复杂，厂商只需将现成的内存芯片装到 PCB 板上，即所谓的"贴片"，然后对内存条进行测试，合格者就可以上市销售了；后者——内存芯片则是"内存条"的核心，它的生产技术要求要高得多，全世界生产内存芯片的厂商也只有寥寥几家，像三星、LG、现代、NEC、西门子等。

2. 内存条选购要点

（1）按需购买。

选购内存条时应当量力而行。以"够用""好用"为标准，选择购买内存的容量的大小。

（2）认准内存类型。

选择内存类型为内存条市场上的主流产品，便于将来的升级。

（3）注意 Remark。

有些"作坊"把低档内存芯片上的标识打磨掉，重新再写上一个新标识，从而把低档产品当高档产品卖给用户，这种情况称为 Remark。由于要打磨或腐蚀芯片的表面，一般都会在芯片的外观上表现出来。正品的内存芯片表面一般都很有质感，要么有光泽或荧光感，要么就是亚光的。如果觉得芯片的表面色泽不纯甚至比较粗糙、发毛，那么这颗芯片的表面一定是受到了磨损。

（4）仔细察看印刷电路板做工。

印刷电路板的做工要求线路板板面要光洁，色泽均匀；元件焊接要求整齐划一，绝对不允许错位；焊点要均匀有光泽；金手指要光亮，不能有发白或发黑的现象；板上应该印有厂商的标识。常见的劣质内存条经常是芯片标识模糊或混乱、电路板粗糙、金手指色泽晦暗，电容歪歪扭扭如手焊一般、焊点不干净利落。

（5）检验。

在购买的时候可以现场检验内存条的性能，这有两个好处，一是可以现场检验所购内存条显示的内存容量是否正确；二是可以检验内存条的稳定性，可进入 Windows 并运行一些大的程序，例如 Photoshop、3d max，PCmark 或一些大型的 3D 游戏。检查有无容易死机、经常重启或出错等现象。

四、硬盘的选购

硬盘是电脑中的重要部件之一，不仅价格昂贵，存储的信息更是无价之宝，因此，每个购买电脑的用户都希望选择一个性价比高、性能稳定的好硬盘，并且在一段时间内能够满足自己的存储需要。速度、容量、安全性一直是衡量硬盘的最主要的三大因素。更大、更快、更安全、更廉价永远是硬盘发展的方向。选购硬盘首先应该从以下几方面加以考虑。

1. 硬盘容量

硬盘的容量是选购硬盘的首要因素。随着硬盘容量的增加，现在主流的硬盘的容量有500 GB、1 TGB、1.5 TB、2 TB 等，除非有必要用途外，暂不建议一般用户选用 2 GB 以上硬盘，

2 GB 已超过系统自动识别和范围，需要设置虚拟盘处理，一般用户难以完成，需专业技术人员进行设置。除了整盘容量外，尽可能选择单碟容量大的硬盘，单碟容量大的硬盘比单碟容量小的硬盘性能高。

2. 品牌

目前，市场上主流硬盘的品牌有希捷、西部数据、东芝、日立和三星等。在机械硬盘领域，希捷和西部数据具有极大优势，大多数地方只有这两种硬盘卖，通常用户都是在这两个品牌中挑选。一般希捷的保修时间比西部数据要少一年，但希捷硬盘故障率更低，性能更稳定，所以希捷硬盘的市场占有率更高。

3. 硬盘接口

目前，市场上计算机常见的只有 SATA 接口的硬盘。普通用户的计算机主板也只有 SATA 接口，所以通常不需要考虑 SCSI 接口硬盘。

4. 转速

转速是硬盘性能的重要指标，硬盘的转速越快，其数据传输速率越快，硬盘的整体性能也随之提高。目前，市场上 PC 计算机上的硬盘基本都是 7200 r/m，而笔记本硬盘上还存在一部分 5400 r/m 的硬盘。

5. 缓存容量

缓存容量的大小与硬盘的性能有着密切的关系，大容量的缓存对硬盘性能的提高有着明显的帮助，在选购时应尽量选择缓存大的硬盘。目前，主流硬盘缓存容量以 64MB 为主。

6. 售后服务

目前，市场上的硬盘质保各不相同，比如希捷保修期为 2 年，西部数据保修期为 3 年，由于售后服务还涉及经销商、售后网点、售后渠道、售后范围、售后周期等多种因素，所以保修期并非越长越好。而希捷却在市场更受欢迎，就充分证明了这一点。

五、DVD光驱的选购

对于多数消费者而言，DVD-ROM 已不再是新鲜事物。随着数字影音多媒体时代的来临，DVD-ROM 以其高存储量和无可挑剔的影音画质，受到了众多消费者的青睐和追捧，再加上厂商方面的大力推广，DVD 已经从昔日的"贵族时代"顺利过渡到今天的"标配时代"，DVD 市场也因此空前繁荣火爆。DVD 光驱的选购技巧成为众多消费者所关注的问题。其实只要在选购 DVD 光驱时重视以下几点，我们完全可以非常轻松地在纷繁复杂的市场中去粗取精，挑选到满意的 DVD 光驱。

1. 避免买到挑碟的 DVD-ROM

一直以来 DVD 光驱纠错能力都是众人所议论的焦点，甚至有人因此怀疑 DVD 光驱能否真正替代 CD-ROM。其实"纠错能力"一般只是早期 DVD 产品的一个弊病，随着技术的成熟，现在的 DVD 光驱通常情况下已经拥有令人满意的纠错能力。但要真正做到"超强纠错"也不是一件容易的事情了，这就要看各大光驱生产厂商是否拥有自己的特色技术。

在"产品同质化"现象严重的今天，比纠错其实就是比特色技术。如明基 BenQ 第二代自排挡、BVO 数字视频优化处理等技术；三星的"环纹聚焦镜的激光拾取头"技术。

2. 全钢机芯

我们往往会遇到这样的情况，一款光驱买回来时，怎么用都好，任何盘片都能通吃。可一旦用了一段时间后（通常 3 个月以上），却发现读盘能力迅速下降，这也就是大家常说的"蜜月效应"。

为避免购买到这类产品，我们应该尽量选购采用全钢机芯的 DVD 光驱，这样即便在高温、高湿的情况下长时间工作，DVD 光驱的性能也能恒久如一，这也给 DVD 影片的完美播放提供了最为有力的保障，芯好光驱才能长时间地稳定如新。另外采用全钢机芯的光驱通常情况下要比采用普通塑料机芯的整体上的使用寿命长很多。

3. 速度

速度是衡量一台光驱快慢的标准，目前市面上主流的 DVD 光驱基本上都是 16X，那为何选购 DVD 光驱还需要注意速度呢？因为 DVD 光驱具有向下兼容性，除了读取 DVD 光盘之外，DVD 光驱还肩负着读取普通 CD 数据碟片的重担，因此我们还需关注 CD 读取速度。

主流的 CD-ROM 的读取速度普遍是 50X 至 52X。而目前市面上的很大一部分 16X DVD 光驱，其 CD 盘的最大读取速度仅为 40X。

4. 接口类型

一般情况下，DVD 光驱的传输模式与 CD-ROM 一样，都是采用 ATA33 模式，从理论上说这种接口已经能够满足目前主流 DVD 光驱数据的传输要求了，毕竟 16X DVD 光驱最大传输速率也就只有 20MB/sec 左右。

然而这种传输模式存在较大的弊端，在光驱读盘时 CPU 的占用率非常之高，一旦遇上一些质量不好的碟片，CPU 的使用率一下子就提升到了 100% 左右，这样一来，即便再强劲的 CPU，在播放 DVD 或者运行其他软件时也不能应付自如，严重时甚至会引起死机。所以在选购 DVD 光驱时，我们一定要特别注意光驱的接口模式，在价格相差不大或者根本没有价格差异的情况下，尽量选用 ATA66 甚至 ATA100 接口的产品。

5. 服务

现在 DVD 产品市场上，其品牌和种类可谓是琳琅满目，质量也是良莠不齐、鱼目混珠的局面还没有改变。再加上 DVD 光驱生产时品质控制的难度，频繁的使用导致了 DVD 属于易耗品，需要经常更换，因此厂商所承诺的质保内容及质保期，与用户利益息息相关。这也是名牌厂商与一般厂商相比，最具吸引力的地方。目前市场上，一般小的厂商的质保期是 3 个月，品牌厂商的质保期要长一些。厂商承诺的售后服务内容是厂商要付出的净成本，与产品的故障率、返修率相匹配，其质保期越长，所需付出的成本越大。只有有实力，产品品质过关的大厂商，才有信心做出富有竞争力的质保承诺。而且一般来说，大的厂商像华硕、三星、明基在 IT 市场经营多年，服务体系完善，服务承诺也较好，也比较有保障。

六、显卡和显示器的选购

1. 显卡的选购

在选购显卡时，应根据计算机的用途选购相应的高、中、低档产品，同时还应考虑显存的容量、类型、速度、显卡的品牌、显示芯片、元器件及做工等问题。

（1）按需选购。

在决定购买之前，一定要搞清楚自己购买显卡的主要目的，根据用途确定选购高、中、低哪个档次的显卡及显存。

（2）选显存芯片。

显存是显卡的核心部件，直接关系到显卡的速度和性能。目前显存颗粒的制造商主要以日本、韩国和我国台湾地区的为主。市场上的显卡主要使用三星、现代、钰创、ESMT 等几个品牌的显存。应该说这几个正规大厂生产的显存，其性能和质量都是有保证的，无论是稳定性还是超频性能都相当不错。目前主流显存的规格为 DDR3。

（3）选显存。

在选择显卡的时候尽量选择 128 bit 甚至 256 bit 显存位宽的显卡，当然显存位宽对显卡性能的影响要比显存容量的影响更重要，因此选购时还是应该优先考虑大显存位宽的产品。

（4）选显卡接口。

显卡接口有 AGP 总线接口和 PCI-Express 总线接口。PCI-Express x16 总线插槽将取代 AGP 8X 插槽，PCI-Express x16 数据带宽是 AGP 8X 的两倍，达 4 GB/s，还可给显卡提供高达 75 W 的电源供给。

（5）选电容。

一般来说，像三洋、红宝石这些电容的品质还是要比我们常看到的黑色外观的电容的品质更好一些，多数非黑色外观的贴片电容的品质也要比黑色外观的贴片电容的品质更好一些。钽电容的品质也要比普通电容的品质更好。采用的电容品质是否可靠直接关系到显卡是否能长时间稳定运行，所以要尽量采用电容品质比较好的显卡。

2. 显示器的选购

显示器是每个计算机用户必须面对的设备，它的性能高低直接影响用户的使用舒适度，因此显示器的选购不能马虎。

现在已经是液晶显示器的时代，CRT 显示器处于淘汰的边缘。但还有个别游戏发烧友或图形处理专家偏爱传统的 CRT 显示器。如果想购买 CRT 显示器，注意是否是翻新货、二手货。

下面介绍选购液晶显示器时要注意的几点事项。

（1）考察性能参数。

根据市场的主流，考察液晶显示器的性能参数。例如，响应时间在 2~5 ms 之间，亮度通常为 300~500 cd/m^2，对比度要求 8000∶1 以上，水平可视角度为 170°，垂直可视角度不低于 150° 等，达不到这些要求的 LCD 显示器不建议购买。

（2）观察显示器的色彩是否均匀。

最简单的方法就是将桌面背景设为纯白色，观察屏幕各个位置白色的纯度是否一致，也可以使用 NTEST 软件全面检查屏幕有没有明显的色斑。

（3）观察显示器的会聚能力。

在 DOS 窗口中观察闪烁白色字符的边缘是否会出现红色或偏蓝色的色晕，一般的家用显示器都会有这种现象，在选购显示器时注意挑选色晕相对较弱的产品。

（4）观察显示器是否有呼吸效应。

呼吸效应是指显示器开机时在屏幕四周突然多了一圈约 1 cm 的黑边，使用一段时间后黑边消失，一些知名品牌的显示器在避免呼吸效应上做得比较出色。

（5）注重品牌。

好的品牌有三星、LG、优派、美格、飞利浦、冠捷等，可根据个人的喜好选牌子。

七、声卡和音箱的选购

1. 声卡的选购

（1）按需选购。

现在声卡市场的产品很多，不同品牌的声卡在性能和价格上的差异十分巨大，所以一定要在购买之前想一想自己打算用声卡来做什么，要求有多高。一般来说，如果只是普通应用，如听听 CD、看看影碟、玩一些简单的游戏等，主板集成的声卡就足以胜任，如果是用来玩大型的 3D 游戏，就一定要选购带 3D 音效功能的声卡，因为 3D 音效已经成为游戏发展的潮流，现在所有的新游戏都开始支持它了。

（2）了解音效芯片。

声卡音效芯片在声卡中的地位是非常重要的，它决定了声卡的处理能力、音效、档次与价格。目前声卡市场主要被创新的 EMU 系列、水晶系列和 VIA（威盛）的 IC Ensemble 系列产品占据，所以应根据自己的用途选购声卡音效芯片。

（3）功能与接口。

声卡具备的各项功能都要通过相应的输入 / 输出接口来实现，如果要实现某项功能，一定要留意声卡是否具备相应的功能和接口。一些功能接口较多的中高档产品会有一块子卡，要多占一个 PCI 插槽。

（4）检验声卡的音质。

音质是判定一块声卡好坏的重要标准，其中包括信噪比、采样位数、采样频率、总谐波失真等指标，这些参数的高低决定了声卡的音质。

信噪比的高低关系到播放声音是否干净纯正，只有达到 93 dB 以上才能无明显噪声，目前声卡的信噪比大多达到了 96 dB。采样位数是声卡对声音信号的采集能力，值越大，声卡对声音的处理能力就越强，目前主流声卡的采样位数为 24bit。采样频率指每秒钟内声卡采集信号的次数，目前主要分为 22.05 kHz、44.1 kHz、48 kHz 三种，值越高其音质就越好。理论上 44.1 kHz 就可达到 CD 音质。购买时试听实际效果是很有必要的。要注意测试声卡的回放和录制采样效果，也可在静音状态下将音箱的音量调至最大，注意听是否有明显的噪声。不过用作测验的音箱一定要选用质量档次高的产品，这样才不会对效果判断产生干扰。

（5）音效与多声道。

要得到良好的回放音效，声卡必须具备优秀的 3D 音效。3D 音效也有多种模式，常见的有 A3D、EAX、DirectSound 3D、Q3D 等 3D 音频技术，EAX 则是创新推出的环境音效扩展开放性 API，着重于 3D 环境音效，特别是多声道效果十分突出；DirectSound 3D 为微软推出的音频 API 标准，借助 Windows 系统有了统一的接口和极好的兼容性，目前的 PCI 声卡几乎都支持这一技术；Q3D 则是 QSound 开发的软件模拟 3D 效果，效果相对单一、逊色。

（6）声卡质量。

声卡的质量可从产品包装、PCB 元件、相关附件等方面分辨，应当着重检查 PCB 的层数、产品的设计走线以及采用的元件质量。声卡的做工、兼容性与产品的价格有很大关系。辨别声卡的做工，最简单易行的办法是看电路板的外观，一般来说，元件排列整齐、焊点干净、板子厚实的质量较好。

2. 音箱的选购

选购满意合适的音箱看来应该是一件很有乐趣但有时也是很难的事情，现在就来讲一讲挑选音箱时所应该注意和掌握的技巧。首先，对照上面的技术参数进行衡量；其次，相信自己的耳朵。采用以真实、干净的音乐来作为最主要的材料，以自己的试听效果作为参考的方法来完成音箱的选购。

（1）自然声调的调节平衡能力。

好的音箱应该尽量能够真实地、完整地再现乐器和声音原本的属性和特色。可使用音域范围比较宽广的乐器来录制一段乐曲，乐曲的音层跳跃最好大一些，最好乐曲中出现和弦，尤其是大三和弦很能听出音箱的质量。比如找找钢琴的发声，看看其音调是否能在表现低、中、高音的时候具有明显区别和真实感。

（2）检查音箱单独音素的特性。

在声调平衡的测试中，音箱表现不错的话，说明整个音箱的连贯性还不错，那么接着就是要测试一下单独的音素特性了。仔细聆听音乐的某些细节，比如钢琴音符或者铙钹消退的声后余音，如果细微部分的细节显得模糊，那么这款音箱便是缺乏清晰度的。细微部分的细节是考验音箱逼真还原真实度的重要参考数据。

（3）用熟悉的音乐来试听。

自己越熟悉的音乐，在脑海里留下的印象越深刻，故能一下子听出音箱的好坏。

（4）混音的感受。

有些音箱在使用时会出现异常的声音，这是干扰所造成的。好的音箱应具有较好的整体设计，箱体质量要过硬并且交叉线路的设计良好，做工精细，元件、材料使用上十分讲究。现在，大多数的音箱是木制的，木材可以起到滤去少量杂音的作用，但只是少量的。

八、其他设备的选购

1. 键盘的选购

拥有一款好的键盘，不仅在外观上可得到视觉享受，在操作的过程中还会更加得心应手。键盘质量的好坏直接影响用户进行输入时的速度和舒适度，下面将介绍选购键盘的方法。

（1）外观要协调。

一款好的键盘能使用户从视觉上感觉很顺眼，而且整个键盘按键布局合理，按键上的符号很清晰，面板颜色也很清爽。

（2）按键的弹性要好。

由于要经常用手敲击键盘，所以手感的舒适非常重要，具体就是指键盘的每个键的弹性要好，因此在选购前应该多敲击键盘，以确定其手感的好坏。检测键盘手感的方法非常简单，用适当的力量按下按键，感觉其弹性、回弹速度、声音几个方面，手感好的键盘应该弹性适中、回弹速度快而无阻碍、声音低、键位晃动幅度较小。

（3）键盘的做工要好。

键盘的做工是选购中主要考察的方面，要注意观察键盘的质感，边缘有无毛刺、异常突起、粗糙不平，颜色是否均匀，键盘按钮是否整齐，是否有松动；键帽印刷是否清晰，好的键盘采用激光蚀刻键帽文字，这样的键盘文字清晰且不容易褪色。

（4）注意键盘的背面。

观察键盘的背面是否标有生产厂商的名字，以及质量检验合格标签等。

2. 鼠标的选购

目前市场上能够见到的鼠标产品绝大多数都属于光电鼠标，而能够反应光电鼠标性能的主要有以下几项指标。

（1）分辨率。一款光电鼠标性能优劣的决定性因素在于每英寸长度内鼠标所能辨认的点数，也就是人们所说的单击分辨率。目前，高端光电鼠标的分辨率已经过到了 2000 DPI 的水平，与 400 DPI 的老式光电鼠标相比，2000 DPI 鼠标的定位精度要远远高于 400 DPI 的光电鼠标。不过，并非 DPI 越大的鼠标越好。因为当鼠标的 DPI 过大时，轻微震动鼠标就可能导致光标"飞"掉，而 DPI 值小一些的鼠标反而感觉比较"稳"。

（2）刷新率。这是对鼠标光学系统采样能力的描述参数，发光二极管发出光线照射到工作表面，光电二极管以一定的频率捕捉工作表面反射的快照，交由数字信号处理器（DSP）分析和比较这些快照的差异，从而判断鼠标移动的方向和距离。

（3）接口采样频率。现在的鼠标大多都采用 USB 接口，按照理论，接口采样频率达到 125 Hz。目前大多数鼠标都采用光学引擎 + 接口芯片的双芯片设计模式，这就要求接口芯片的采样频率要尽量高，避免性能瓶颈出现在接口电路上。接口采样频率一般为 60~12 Hz。接口采样频率对鼠标表现影响较大，且越大越好。

简答题

1. 简述数据可以恢复的原理。

2. 简述"SmartScreen 筛选器"的作用。

第六章

综合训练

第一节　计算机综合采购

一、计算机采购的基本思路和要求

1. 正确的采购思路

对于购买计算机，外观最好、容量最大、速度最快并不一定是最好的选择。由于CPU、内存、硬盘等电脑配件是要共同配合工作的，而不同芯片、不同型号、不同品牌产品之间的兼容性又都不相同，因此即使全部采购最好的配件组合在一起，最终得到的机器也未必就是性能最好的，这是因为存在系统优化和兼容的问题。另外，性能过剩会造成资源和能源上的浪费。例如，有些人喜欢买大容量的硬盘，但实际上又用不了这么多，并且在使用时由于硬盘容量增大，系统往往需要花费更多的时间搜寻某个文件或程序，这就造成了资源上的浪费。

购机时应注意以下几方面问题。

（1）选购品牌机，在价格方面商场往往比专卖店贵，专卖店又比电脑城商铺贵，这是因为让利的幅度不一样。但是考虑到服务，专卖店是最好的选择，当然商场可能会送货上门，对有送货上门需求的用户就比较方便。

（2）选购电脑配件前最好通过互联网、本地电子市场了解最新价格，做到心中有数。到电脑城后不要急着购买，货比三家之后再确定购买。

（3）电脑产品的价格波动频繁。多了解行情的变化，尽量做到在价格最合适时出手。

（4）不同产品所拥有的利润不同，所能砍价的幅度也不同。但需要注意的是，利润大小和比例与产品本身大小和价格高低并不成正比。一般而言，CPU、硬盘、内存、光驱、软驱由于价格太过明朗，利润往往较低，利润大的配件主要是显示器、显卡、声卡、主板、音箱等。

（5）货比三家。多看多问，质量第一、服务第二、价格第三。

（6）索要发票，如果没有发票，也要有盖章的收据，并在收据上写明所购产品具体品牌的型号和数量、价格、日期，最好写明换货和保修时间。

（7）任何产品都要打开包装仔细查看，重点查看配件是否齐全，外观新旧及有无损伤，以及驱动程序、说明书、保修单等附件是否齐全等。

2. 计算机配件选择要求

计算机配件选择要求见表 6-1。

表 6-1　计算机配件选择要求

项　目	要　求
CPU	可超性（稳定性）＞价格＞标称频率
主板	稳定性＞价格＞速度
硬盘	稳定性＞容量＞速度
显示卡	兼容性＞速度＞画面质量
显示器	质量＞价格＞显示面积
内存	稳定性＞容量＞速度
光驱	读盘能力＞速度
声卡	兼容性＞音质＞价格
音箱	音质＞功率
路由器	稳定性＞速度＞功能
机箱	外形美观、做工精细、手感好
键盘	外形美观、做工精细、手感好
鼠标	外形美观、做工精细、手感好

3. 软件采购要求

计算机软件选择要求见表 6-2。

表 6-2　计算机软件选择要求

软　件	用户需求
操作系统：Windows 7、Windows 10	家庭用户、企业用户、程序员
杀毒软件：360	单用户、网络版
办公软件	Office/WPS /PS

4. 服务

品牌机在近几年内能迅速占领市场的主流，这与其提供的售后服务是密不可分的。对于用户来说，在购买计算机时，售后服务同时成了一项必不可少的参考标准，而能否提供良好的售后服务决定了消费者对计算机品牌的认同度。

国内计算机市场发展到现在，已经不再仅仅只是价格或者配置上的优劣比较，而更多的是以个性化的理念设计，以及人性化、标准化的售后服务为中心，同时售后服务所隐含的巨大附加利润也是各厂家无法舍弃的。

早期使用计算机的人大部分是从事与计算机相关行业的人员，对于计算机多多少少都有点概念，一些简单的故障也可以自行处理。时至今日，越来越多的中国普通老百姓对计算机使用不仅仅是局限在打字制图方面，更多的是赋予计算机娱乐的概念，并且将计算机当成一种家电产品，或者说一种高档家电。而这部分人对计算机的认识相当少，其中有人甚至连最基本的鼠标操作都还没有学会，更不要说故障处理。一旦计算机出现问题，就只能依靠维修人员进行解决。

目前，品牌机的售后服务主要分为以下几个方面。

（1）质保期限。每个厂家对计算机的质保期限各不相同，甚至是同一厂家不同型号的产品质保期限也不一样。部分厂家是一年包换，三年保修，也就是说自购买日起一年内免费负责更换。也有的厂家是主要配件一年包换，其余配件三年内包换。不同的质保方式决定了处理不同的维修案例采取的维修方式有所不同。

（2）维修方式。不同的厂家维修方式是不同的，有的是厂家负责维修，如七喜、联想等，有的是厂家设立特约维修站（维修中心）。特约维修站（维修中心）一般来说就是该品牌的经销商出面进行维修，然后厂家根据维修量对这些维修站给予维修经济方面的补贴，采取这种方式的有宏碁、方正等。

如果由维修中心负责，则维修方式可能更灵活、速度更快；如果由厂家负责，可能维修质量更能得到保障，但时间可能会长一些，一般情况下是两个工作日。两种维修方式各有利弊，因此不能说哪一种更好。普通的客户在计算机出现问题以后，打电话到维修点报修。如果工作人员有充足的证据认为是硬件损坏，会申请备件，然后上门更换。

这里面又衍生出了很多细节。首先，维修有上门维修和送修之分，不是所有的维修都要上门的，超过了质保期限一般来说是可以不上门的。其次，维修还涉及全国联保与地区性的问题。

如果在本地买的计算机由于某些原因到了异地，并且所购买的计算机又是由特约维修站质保的，很有可能面临无人维修的困境，这种情况下也只有拿到厂家在当地的办事处或分公司进行维修。

（3）是否免费。质保期内的维修不一定都是免费的。大部分厂家对软件的维护都是收费的，这是因为误操作或者上网浏览带有恶意代码的网页可能造成系统崩溃或者软件损坏，厂家对此类问题的维护是要收费的。例如，某厂家标明：软件维护上门收费 100 元，送修 40 元。另外，由于天气原因、电路原因和人为损坏的也不在免费范围之内。计算机工作在一个电压非常不稳定的环境内，导致电源被烧坏，或者是用户不小心打翻茶杯，键盘进水等，这样的维修多半是要收费的。

（4）维修过程。维修过程一般要根据备件情况而定。例如，光驱、主板等对厂家本身来说更新换代比较慢的产品，备件比较充足，而硬盘、CPU 等，如果用户买的计算机超过了两年或更长的时间，有可能就会遇到无同型号备件可更换的窘境。在这种情况下，厂家一般来说会以补差价升级的方式进行处理。

（5）良好的教育素质和心理素质应该是服务人员所必备的条件之一。计算机故障产生的原因有时候很复杂，不容易界定出是哪方面的，如果不亲自操作，仅凭电话描述是无法解决问题的。

产生服务纠纷的另一个主要原因是用户对售后服务条款不了解甚至是根本不明白所造成的。以 Acer（宏碁）为例，其服务条款如下。

"感谢您选购宏碁台式机或服务器电脑产品！凭此质保书，宏碁讯息有限公司全国各分公司和代理商将为您提供下列服务：

"36 个月全免费质保服务的硬件包括主板、内存、硬盘、显卡、电源、软驱、显像管显示器（不含显像管）；12 个月全免费质保服务的硬件包括 CPU、光驱、键盘、鼠标、显像管、液晶显示器、其他板卡等其余部件。

"下列情况，不属免费服务范围：

"不能出示本质保书，或经涂改，或与产品不符；电脑部件上所粘贴的条形码或易碎标签破损、缺失；液晶显示屏表面划伤，以及漏液、破裂等；计算机病毒、意外因素或使用不当造成损坏；未经我公司许可，自行修理造成损坏；非宏碁原厂所配置的部件和软件；软盘、光盘或背包等赠品；软件安装服务、软件故障排除或清除密码；代理商承诺的服务及附加的配置，由代理商负责服务。

"本质保书是唯一质保凭证，请您妥善保存。本质保书仅在中国大陆有效，宏碁讯息有限公司保留最终解释权。

"宏碁讯息有限公司（以上说明仅供参考，以产品附带的质保书为准）。"

销售人员在向用户讲解售后服务条款时，对具体细节肯定有所夸大，或者有含混不清的地方。而这也是造成服务纠纷的一个最主要原因。用户认为当初在购买时销售人员已经做出承诺，任何问题都可以上门免费维修，而服务人员则认为一切按质保书上的条例为准，分歧很大。因此，用户在购买之前应认真阅读质保书，在对质保条例有比较深刻的认识之后再决定是否购买。

了解质保书内容的途径很多，既可以在经销商那里了解，也可以在网上了解。一般来说，质保书一式三份，一份由客户保留，一份由经销商保留，剩下的一份返回厂家。在购买前完全可以要求经销商出示一份先前客户留下来的质保书，不明确的地方还可以当场询问。

另外，在网上也可以了解到详细的质保条例。每个厂家基本上都有官方网站，对于产品与服务都有较详细的说明。

国内的品牌机市场发展到现在已经颇具规模，并且竞争日趋激烈。目前国内 PC 市场的增长已趋于相对稳定，增长幅度有限，厂商如何开拓市场，不能只依靠产品更新换代，更多的还是要靠实实在在的服务，只有认真搞好服务，提高服务人员的素质，开拓市场是水到渠成的事情。

这种情况下，更多的厂家推出了各具特色的售后服务方式，如"阳光服务""蜂巢工程""零距离服务""星光使者""社区服务"等，根据不同客户群，满足人性化、个性化的需求。

目前，服务已经从单纯承诺竞争阶段、承诺兑现竞争阶段，发展到今天的服务体验竞争阶段。也就是说，谁最能切实接近客户、理解客户，谁能将最全面的客户需求切实贯彻到企业运作的各个环节，谁就能在新一轮的服务竞争中取胜。

以联想的"阳光服务"为例，其解释是，联想"阳光直通车"具有"一站式"和"全程化"的特点。这意味着全国任何地方的客户购买联想的产品，只需要登录联想阳光网站或拨打咨询电话进行用户注册，就可以在任何时间就地享受到专业的咨询服务，而不必再东奔西走。

另外，拨打"阳光热线"，"阳光直通车"就会自动为客户寻找相应的客户服务代表，调配离客户最近的"阳光工程师"实施服务，并有专门的服务管理人员对服务的全过程进行监控，以便对可能出现的问题快速解决。

与"蓝色快车"类似，国内大部分厂家已经把售后服务按照经营一个品牌的方式去做，目的就是争取把服务标准化、专业化、人性化。而这恰恰是一种发展趋势，在提供更好的服务的同时，也扩大了品牌的知名度。另外，服务也是潜在的利润来源之一。以"蓝色快车"为例，它每年为 IBM 公司带来的利润可达到 10 亿美元以上，这让所有厂家都无法忽视这一巨大利润。

"三包"政策的出台，更加明确了经销商或厂家与消费者之间的权利关系，使用户与经营者之间有了法律上的约束力，用户对质量或服务进行投诉有了法律的依据，同时让经营者对用户的服务终于有了"限度"和"标准"，经营者的利益也有了保障。另外，由于"三包"对保修做出了较严格的规定，更多的是以滚动式的保修为主，加重了厂家对保修的成本负担。因此，部分厂家已经对保修条款做出了相应的调整。

二、根据要求采购计算机

1. 为游戏用户或图形处理用户购买计算机

【Step1】根据需求，填写配件采购计划表，具体内容见表 6-3。

表 6-3　配件采购计划表

配　件	厂　家	型　号			服务条款
		高	中	低	
机箱					
机箱电源					
显示器					
键盘					
鼠标					
主板					
CPU					
内存					
显卡					
硬盘					
光驱					
音箱					
桌椅					
其他					

【Step2】综合考察市场计算机各种配件的趋势，填写各种配件价格趋势表，具体内容见表 6-4。

表 6-4　配件价格趋势表

配件名称	价　格	涨跌情况			备　注
		涨	跌	稳定	
机箱					
机箱电源					
显示器					
键盘					
鼠标					
主板					
CPU					
内存					

续表

配件名称	价　格	涨跌情况			备　注
		涨	跌	稳定	
显卡					
硬盘					
光驱					
音箱					
桌椅					
其他					

（1）网上查询报价，如到 www.zol.com.cn、www.it168.com、天猫（http : //www.tmall.com）等查询。

（2）本地市场询价。

（3）分析配件报价，填写计划表与趋势表。

【Step3】确定合理的采购方案。

【提示】

（1）填写最终方案配置表，表6-5为游戏用计算机配置表、表6-6为图形用户用计算机配置表，不需要的配件选择无。

（2）填写服务条款，如此类型计算机配件均为全新配置，质保一年等。

表6-5　游戏用计算机配置表

配件名称	所选配件	选择原因	参考价格
CPU			
主板			
内存			
显卡			
显示器			
硬盘			
机箱			
光驱			
风扇			
键盘			

续表

配件名称	所选配件	选择原因	参考价格
鼠标			
声卡			
网卡			
合计			

表 6-6　图形用户用计算机配置表

配件名称	所选配件	选择原因	参考价格
CPU			
主板			
内存			
显卡			
显示器			
硬盘			
机箱			
光驱			
风扇			
键盘			
鼠标			
声卡			
合计			

【Step4】制定售后服务条款，包括技术服务期限和技术服务范围两项内容。

【注意】

技术服务期限举例如下。

（1）所有保修服务年限都从售出之日计，以发票或保修证书为准。

（2）因故障维修、更换的部件的保修期限为该整机售出原配的部件的保修截止日为准。

（3）预装软件和随机软件服务：发生预装软件和随机软件的性能故障时，提供自购机之日起预装软件一年之内的服务，以及随机光盘中提供的软件三个月内的送修服务。

技术服务范围举例如下。

（1）免费维修范围。保修期内您按照产品使用说明书规定的要求使用时出现的硬件部件损坏；保修期外收费维修后一个月内出现同样的硬件故障现象。

（2）收费维修范围。超过保修期的机器故障部件；修整、改变配置或误操作；未按操作手册使用或在不符合产品说明书规定的使用环境下使用而造成的故障；因使用不适当或不准确的操作（如带电插拔等）或使用不合格物品（如坏盘）所造成的部件损坏；使用的软件、接口和病毒引起的故障；在不符合产品所需的环境情况下操作、使用；在不适当的现场环境、电源情况（如用电系统未能良好接地、电压过高或过低等）和工作方法不当造成的故障；因自然灾害等不可抗拒力（如地震、火灾等）和其他意外因素（如碰撞）引起的机器故障；自行安装的任何部件以及由此产生的任何故障不承担保修责任。

【Step5】购买后的工作。

①应当场检验，根据清单对所有物品进行清点。

②设定封条：在质保签上标注产品的出货单位与时间。

2.笔记本电脑采购

【Step1】调查用户需求，询问并填写笔记本电脑用户需求表，见表6-7。

表 6-7　笔记本电脑用户需求表

询问项目	备选问题	选择原因	备　注
需求	游戏、画图、办公；便于携带	性能：游戏＞画图＞办公	
重量	携带是否方便	经常出差选小的，玩游戏选大的	
尺寸	携带是否方便		
颜色	一般有银色、白色、黑色等	喜好	
接口	RJ45	有线网络接入	
	HDMI+VGA	投影仪的接入	转接头
	USB 接口数量	外接 USB 设备较多	
屏幕	对光线的要求		
电池	续航时间		
保修情况			注意保修条款
CPU	游戏＞画图＞办公		
硬盘	机械、固态		
显卡	独立还是集成		
正版软件预装	是否预装操作系统和办公系统		

询问项目	备选问题	选择原因	备　注
环境要求	湿度	南北方是有区别的	
	温度	是否有低温和高温（炼钢）环境要求	
	灰尘	防尘设计是否有要求	
	震荡		
其他	网上购买还是实体店购买		

【Step2】与用户沟通需求，然后根据用户需求确定购买笔记本的厂商和型号，并阅读选定笔记本的详细信息，确定用户是否有添加内存、更改存储的意向等特殊需求。

第二节　计算机综合组装

一、计算机综合组装的规范和要求

1. 计算机综合组装规范

计算机综合组装是一项系统工作，是前面所学配件知识和安装技能的一次检验课程。通常有以下几方面规范。

（1）良好的个人素质，丰富的知识、动手能力、综合能力。

（2）配件的完整保护，特别是机箱、显示器、键盘、鼠标、光驱等外露部件。

（3）用电规范、静电预防。

（4）正确的安装方法和安装流程。

2. 综合组装项目与要求

组装与设置项目和要求，见表6-8。

表6-8　组装与设置项目和要求

项　目	要　求
计算机的保护情况	
对机器内外部美观度的保护，如有无划伤	保护配件，如果因人为因素损坏，由本人按市场价赔偿
有无注意到对各部分零件防静电措施	安装配件时应做好防静电措施，因不慎损坏的，由本人按市场价赔偿
主机内部的安装与整理情况	

续表

项　目	要　求
主板安装	1. 在机箱外固定 CPU
	2. CPU 涂硅胶，注意均匀
	3. CPU 风扇安装正确（包括电源线）
	4. 内存：插在离 CPU 最近的位置
	5. 至少使用六颗螺钉固定（不要漏钉）
硬盘、光驱固定	1. 每个设备至少使用四颗螺钉固定（免螺钉的除外）
	2. 注意位置的选择
显卡、网卡固定	固定螺钉要适中
硬盘、光盘数据线连接	1. 注意电源线的方向（防呆口）
	2. 硬盘使用数据线正确（防呆口）
电源线连接	1. 主板电源线连线
	2. 光驱、硬盘、CPU 电源线连接正确
机箱面板线连接	1. PC 喇叭
	2. 电源按钮
	3. Reset 按钮
	4. 电源指示灯
	5. 硬盘指示灯
电源线与数据线的整理	整理干净、利索
启动方式	利用光盘启动、U 盘
对硬盘进行分区（可以根据个人情况自选）	分区软件不加以限制，可以根据个人情况自选。1T 硬盘共分为三个区，分别为 300 G（系统区）、400 G（工作区）、300 G（生活区）
	每个分区都格式化
Windows 7 安装	从光盘上将 Win7 目录拷贝到硬盘 D：\win7 下，从硬盘安装 Windows 7
	采用典型安装
	计算机名为 tszjzx，工作组为 diy
	用户名为"技术训练"（用中文）
驱动安装	
主板驱动的安装	要求第一项安装，安装完后要求重新启动

续表

项　　目	要　　求
显卡驱动程序的安装	显卡驱动程序包
声卡驱动的安装	主板驱动程序包
网卡驱动的安装	网卡驱动程序包
DirectX 安装	可以下载最新版本
网卡设置	1. 安装 IPX/spx 协议
	2. 安装 TCP/IP 协议
	3. 文件及打印共享
	4. 设置 IP 地址：192.168.0.X ；子网掩码：255.255.255.0。注意：X 为计算机序号，一般为 1 和 2 等
显示设置	1. 显示器分辨率设置（根据显示器说明书进行设定）
	2. 显示器颜色为真彩色 32 位
	3. 显示器刷新率至少为 75 Hz
应用软件安装	1. 安装 Office WPS
	2. 安装 WinRAR 压缩软件
	3. 安装其他应用软件
驱动、应用软件安装程序备份	1. 位置：D：\ 备份
	2. 文件夹要求中文名
C 盘系统用 Ghost 备份	备份文件在 D：\system.gho 下

二、计算机综合组装的测试

1. 综合组装测试

【Step1】开始装机前必须对材料的数量和质量做初步检查，如果有问题应立即提出。

【Step2】硬件安装时必须以尽量快的速度装出最合理的机器，同时在安装过程中要以安装计算机的正确方法和流程进行操作。

【Step3】硬件安装完成后，检查安装情况，记录硬件安装时间。

【Step4】软件安装和设置完成后，检查安装情况，记录安装时间。

【注意】

（1）整个安装必须独立完成，不得求助任何资料。

（2）测试过程中必须绝对遵守纪律。

（3）注意安全。

2.计算机安装检查与测试

【Step1】机箱内部检查。

【Step2】机箱外部检查。

【Step3】开机系统启动速度测试：记录从按下电源开关直到出现 Windows 桌面，并加载完所有启动项，硬盘灯不再闪为止的时间。一般测试记录为 3 次以上，取平均值即可。

【Step4】关机系统启动速度测试：记录从按下关机按钮到电源关闭时的时间。一般测试记录 3 次以上，取平均值即可。

开关机速度，尤其开机速度是使用电脑的第一体验。如果电脑开机速度很慢，则使用起来也会产生卡顿，直接影响工作效率。查找拖慢开机速度的原因时，首先要看硬件，如果配置过低，无论后期如何优化效果也十分有限。很多软件都提供计算机开机时间测试结果。

【Step5】测试系统显示配件特征，并填写其与实际装机配置清单的比较。

参考系统测试：dxdiag，如图 6-1 所示。（可以用第三方软件对计算机进行测试，如电脑管家、wegame、360、驱动之家，图 6-2 为 DirectX 诊断工具界面。）

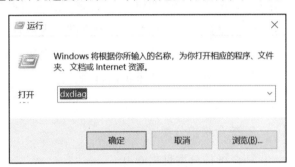

图 6-1　输入测试命令

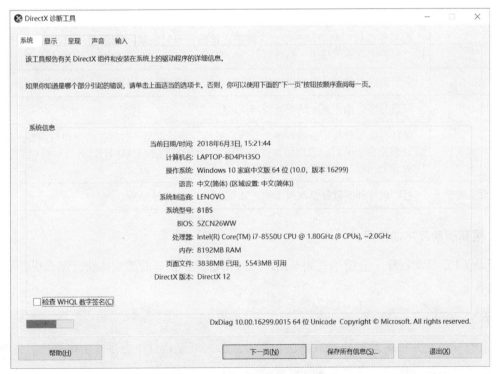

图 6-2　DirectX 诊断工具界面

第三节　计算机综合维护

一、计算机综合维护的基本内容

1. 综合维护技能要求

（1）扎实的专业技术知识与技能。

（2）良好的维护习惯，即五个了解、四个步骤、三个环节、两点注意。

（3）维修基本方法在维护中的贯彻，即清洁法、直接观察法、拔插法、交换法、振动敲击法、升温降温法（烤机）、程序测试法（新购机）。

（4）维护与维修思路的深刻理解：先调查、后熟悉，先机外、后机内；先机械、后电气，先软件、后硬件；先清洁、后检修，先电源、后机器；先通病、后特殊，先外围、后内部。

（5）规范的计算机维护语言。

（6）规范的计算机操作。

2. 综合维护分类

综合维护分类见表 6-9。

表 6-9　综合维护分类

项　目	要　求
定期维护	对系统进行定期清洁、检查、维护、诊断，及时发现问题隐患，通过系统调整等手段，保护用户系统稳定、高效运行
安全维护	安装防病毒软件、防黑客软件，升级系统最新病毒库，对数据进行安全性备份
系统维护	硬盘分区、操作系统的安装与调试工作
系统升级维护	硬件升级与软件（驱动程序）升级。硬件升级通常是一些部件的更换与调整；软件升级通常是有新的系统或应用软件补丁包，安装补丁包（PATCH），升级后可以消除系统中的安全问题与应用软件中的错误
外围设备维护	打印机等外围设备驱动程序的安装与维护

3. 更新驱动程序的作用

更新 GPU 驱动程序十分简单，如果用户想获得稳定、快速的游戏体验，那么更新驱动程序极其重要。

【注意】

更新驱动前要确认该驱动是否符合电脑的需求，错误的驱动会导致系统崩溃，或硬件不能正常使用建议使用，官方提供的驱动。

4. 清除硬件灰尘的重要性

简单清理设备灰尘是简单、快速且有效的维护工作。

5. 系统病毒等全面扫描

只要用户开启病毒防护功能并使之处于有效状态，就不必过于担心每周或日常扫描的问题。一般来说，检测到病毒后，防病毒软件会立即提示用户，便于用户及时采取应对措施。但这并不表示用户的防病毒软件对有害文件的防护是密不透风的。应按时在每月月底运行完整的系统扫描。其中许多程序都支持设置自动定时，因此用户甚至无须单击开始即可自动进行扫描。

6. 不间断的数据备份

在计算机使用过程中要时常进行数据备份，因为无论任何品牌的硬盘都有发生故障的可能，所以进行数据备份是十分重要的（对于其中的大部分程序，用户都可以用于设置定期自动备份）。

7. 为企业或学校制订综合维护方案

计算机维护方案是一份合同，是一种解决计算机及其相关产品服务的一种解决方案。它可以及时且更加专业地帮助企业或学校发现并解决软硬件故障。

8. 蓝屏错误

蓝屏错误也可以称为保护性错误。通常当遇到某个问题导致用户的计算机意外关机或重启，则可能会发生停止错误（也称为蓝屏错误）、蓝屏错误或蓝屏死机，蓝屏错误是微软Windows系列操作系统在无法从一个系统错误中恢复过来时，为保护电脑数据文件不被破坏而强制显示的屏幕图像。当遇到此类错误时，在打开用户的计算机后，用户将无法在屏幕上看到"开始"菜单或任务栏等内容。相反，用户可能会看到一个蓝屏，显示消息"你的计算机遇到了问题，需要重启"。同时，还会出现一些停止错误代码，如0x0000000A、0x0000003B、0x000000EF、0x00000133、0x000000D1、0x1000007E、0xC000021A、0x0000007B、0xC000000F。常见的原因为系统发生小故障、安装了一些更新系统、软件的兼容性、硬盘故障、计算机过热、病毒、内存接触不良、其他原因。

二、计算机综合维护的日常方法

1. 优化系统

（以Windows 7操作系统为例，要求驱动全、稳定强、速度快、无插件。）

【Step1】关闭计算机电源，切断电源。

【Step2】备份重要数据文件。一般可以备份在其他设备上并抽查备份数据的完整性，同时为保证安全性，建议拷贝两份以上。

【Step3】更新（备份）驱动程序。一般根据系统提示即可，也可以用第三方软件完成驱动程序的更新操作。

【Step4】定期全面扫描。

【Step5】监控 CPU 和 GPU 温度。

【Step6】更换 CPU 隔热胶。

【Step7】深度清洁计算机。

2. 制订维护方案——针对一所小学的计算机与网络制订维护方案

【Step1】考察维护对象的设备与用户群体特点。可以参考表 6-10，填写学校计算机与网络情况分析表。

表 6-10　学校计算机与网络情况记录表

设　备	位　置	数　量	备　注
计算机	教室	40	接电视
计算机	计算机教室	20	Windows 7
计算机	电子阅览室	2	Windows 7
服务器	网络中心	2	Windows 2008 server
计算机	办公室	30	Windows 7、windows 10
电子教室软件	计算机教室	1	是否开展培训
打印机	办公室、计算机教室		
科利华校长办公系统	网络中心	1	
鹏博士教学软件	网络中心	1	
交换机	网络中心	1	
交换机	计算机机房	1	
软件、网线及其他			

【Step2】确定维护内容。根据考察维护对象的设备与用户群体特点，确定并填写维护内容清单（表 6-11）。

表 6-11　维护对象内容清单

设　备	对　象	备　注
计算机	包括 CPU、主板、硬盘、内存、显示器、键盘、鼠标等硬件和操作系统，以及应用软件的安装与调试	
服务器	包括 CPU、主板、硬盘、内存、显示器、键盘、鼠标、操作系统与应用软件	

设　备	对　象	备　注
交换机	包括模块	
打印机	包括硒鼓	
UPS	包括电池	
网络系统	包括布线部分、网络调试，以及故障的检修与排除	
其他设备	复印机或一体机等设备	
定期系统巡检与维护	全系统巡检，实时处理问题	

【Step3】确定维护或是维修方式。对故障机器进行故障定位，并根据情况确定维修或是更换配件。

①对在保修期内（并在厂家上门期内）的计算机硬件损坏处理办法：联系厂家指定维修中心上门服务。

②对在保修期内但过了上门期的计算机硬件损坏处理办法：送到厂家指定维修中心维修或更换配件。

③对过了保修期的计算机硬件损坏处理办法：自主维修，如果需更换配件应该先报价，后更换。

【Step4】确定维护响应时间。

①确定定期维护时间：每周、每月或季度定期为电脑进行体检和清理系统垃圾。

②确定故障响应时间：分加急、紧急、一般响应时间，可以在合同中约定。

【Step5】确定用户自我系统维护与保养学习建议。

①计算机的正确开关机知识。

②不要在计算机工作时移动机箱和其他外部设备。

③注意数据的备份。

④经常检测，防止计算机传染上病毒。

3. 笔记本电脑维护

【Step1】保持笔记本的清洁，主要是键盘和屏幕的清洁。

经常清洁键盘，防止颗粒物掉进键盘，当有较多灰尘时，可用小毛刷清洁缝隙，或是使用一般用于清洁照相机镜头的高压喷漆罐，将灰尘吹出，或使用掌上型吸尘器清洁键盘上的灰尘和碎屑，清洁表面，可用略湿的布，在关机并取下电池的情况下轻轻擦拭键盘表面。

保证屏幕干净，可以用屏幕专用清洁布进行清理，勿使用化学清洁剂（包括酒精）。

【Step2】避免液体进入笔记本。液体进入笔记本的处理办法：强行关机（按下电源开关3 s）；直接拔掉充电电源线；卸下电池。

【Step3】电池的维护。可以下载电池维护软件，如 Battery Bar 或 Battery Doctor（金山电池医生），以对电池进行维护。

【Step4】尽量在平稳的状态下使用，避免在容易晃动的地方操作。

4. LCD 亮点的判定（Windows 10）

屏幕亮点一般是指液晶显示器出现的不可修复的单一颜色点，在黑屏的情况下仍然呈现 R、G、B（红、绿、蓝）的点。其出现原因多为加工过程中的震动或灰尘落入晶体结构，根据国家标准，液晶屏亮点个数应少于三个。

【Step1】在桌面右击，如图 6-3 所示，单击"显示设置"。

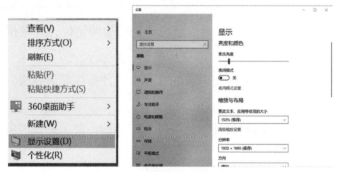

图 6-3　更改亮度和颜色

【Step2】调整亮度和颜色。如图 6-3 所示，移动更改亮度滑块至最左端，可以观察屏幕是否有亮点。

其他系统，如"显示设置""外观设置"，把背景色选定成全黑画面，检查是否有发亮的色点。

5. 解决安装更新后蓝屏错误（Windows 10，允许访问桌面）

【Step1】查看已经安装的更新。在任务栏上的搜索框中键入"查看已安装的更新"，然后选择"查看已安装的更新"。

【Step2】查看安装日期，然后选择要卸载的更新。

【Step3】"卸载"更新。

【注意】

如果卸载某个更新修复了停止错误，请暂时阻止该更新再次自动安装。

【Step4】卸载软件。删除最近安装的软件或不必要的软件，然后查看是否能够解决问题。

【注意】

如果开机不允许访问桌面时，一般计算机会多次启动并进行自动修复，并选择安装更新的点作为还原点进行还原。

6. 安全模式下卸载最近安装更新（Windows 10）

【Step1】自动修复后，在"选择一个选项"屏幕上，依次选择"疑难解答"—"高级选项"—"启动设置"—"重启"。

【Step2】在计算机重启后，用户将看到一列选项。按"4"或"F4"键进入"安全模式"。要访问 Internet，请按"5"或"F5"键进入"网络安全模式"。

【Step3】在用户的电脑处于"安全模式"下时，依次选择"开始"—"设置"—"更新和安全"—"Windows 更新"。

【Step4】卸载更新。

据所安装的 Windows 10 版本，执行以下操作之一。

①在 Windows 10 版本 1607 和更高版本中，依次选择"更新历史记录"—"卸载更新"。

②在 Windows 10 版本 1511 中，依次选择"高级选项"—"查看更新历史记录"—"卸载更新"。

简答题

1. 根据所在学校的计算机教室、办公室与网络系统实际情况，制定一个综合维护方案。

2. 制定笔记本定期保养的方案。

3. 如何释放笔记本上的残余电量？

参 考 文 献

［1］韩雪涛. 计算机装配、调试与维修［M］. 北京：中国林业出版社，2010.

［2］何山. 计算机组装与维护项目教程［M］. 上海：上海科学普及出版社，2014.

［3］刘欢. 计算机组装与维护［M］. 北京：北京理工大学出版社，2010.

［4］曲广平. 计算机组装与维护项目教程［M］. 北京：人民邮电出版社，2015.

［5］杨鹏，卢秋根. 计算机组装与维护项目教程［M］. 北京：中国财富出版社，2014.

［6］郑阿奇. 计算机组装与维护实用教程［M］. 北京：电子工业出版社，2012.

［7］周洁波. 计算机组装与维护［M］. 3 版. 北京：人民邮电出版社，2012.

［8］周盛全，王军平. 计算机应用基础［M］. 北京：国防科技大学出版社，2012.

［9］人力资源社会保障部教材办公室组织编写. 计算机组装与维护［M］. 北京：中国劳动社会保障出版社，2019.

［10］蒋灏东. 计算机组装与维护实践教程［M］. 北京：电子工业出版社，2019.

［11］王保成. 计算机组装与维护［M］. 北京：高等教育出版社，2016.

［12］刘云霞. 计算机维护与维修［M］. 北京：高等教育出版社，2014.